智博人工智能技术丛书

Python机器学习
实例及代码分析 ——

识别·预测·异常检测

【日】福井健一◎著　段琼◎译

中国水利水电出版社
www.waterpub.com.cn
· 北京 ·

内 容 提 要

机器学习作为实现人工智能的方法，是一种让计算机具备学习能力的数理技术。本书就以 Python 为工具，结合实例和代码分析对机器学习中的异常检测和系列数据分析技术进行了详细解说。其中前半部分介绍了基本的分类器和预测器的使用方法，以便读者能够顺利地进行机器学习实践。后半部分以作者的研究经验为基础，介绍了一些应用于实际问题的例子。

本书以解说实例源码为中心，特别适合有一定编程基础、对机器学习技术感兴趣的高校学生学习，也适合将机器学习技术应用于实际业务的工程师参考。

图书在版编目（CIP）数据

Python机器学习实例及代码分析 : 识别·预测·异
常检测 /（日）福井健一著 ; 段琼译. -- 北京 : 中国
水利水电出版社, 2023.6
ISBN 978-7-5226-1464-9

Ⅰ. ①P… Ⅱ. ①福… ②段… Ⅲ. ①软件工具—程序
设计②机器学习 Ⅳ. ①TP311.561②TP181

中国国家版本馆 CIP 数据核字（2023）第 054097 号

北京市版权局著作权合同登记号　图字：01-2022-6951
Original Japanese Language edition
PYTHON TO JITSUREI DE MANABU KIKAI GAKUSHU　SHIKIBETSU·YOSOKU·
IJO KENCHI
by Kenichi Fukui
Copyright © Kenichi Fukui 2018
Published by Ohmsha, Ltd.
Chinese translation rights in simplified characters by arrangement with Ohmsha, Ltd.
through Japan UNI Agency, Inc., Tokyo

书　　名	Python 机器学习实例及代码分析——识别·预测·异常检测 Python JIQI XUEXI SHILI JI DAIMA FENXI——SHIBIE·YUCE·YICHANG JIANCE	
作　　者	【日】福井健一　著　段琼　译	
出版发行	中国水利水电出版社 （北京市海淀区玉渊潭南路 1 号 D 座　100038） 网址：www.waterpub.com.cn E-mail：zhiboshangshu@163.com 电话：（010）62572966-2205/2266/2201（营销中心）	
经　　售	北京科水图书销售有限公司 电话：（010）68545874、63202643 全国各地新华书店和相关出版物销售网点	
排　　版	北京智博尚书文化传媒有限公司	
印　　刷	北京富博印刷有限公司	
规　　格	148mm×210mm　32 开本　3.375 印张　115 千字	
版　　次	2023 年 6 月第 1 版　2023 年 6 月第 1 次印刷	
印　　数	0001—3000 册	
定　　价	49.80 元	

前　言

现在我们正处在一个机器学习空前盛行的时代，引领这一浪潮的是深度学习（Deep Learning）技术的快速发展，其在图像识别领域已经超越了人类的识别精度，在 2016 年的围棋人机大战中更是战胜了人类的围棋冠军。机器学习特别是"识别"方面的技术，目前已经进入成熟期，整个学术界已经积累了一定的经验。随着本书中提到的 scikit-learn 等 Python 机器学习库的越来越丰富，学习门槛也比以前大大降低了。

在这样的背景下，一方面，学术界开始把目光放在以前机器学习从未尝试过的领域，产业界也在业务改善和自动化等方面积极灵活地应用机器学习。但是另一方面，了解并能够熟练使用机器学习的人才，也就是我们所说的人工智能（AI）技术人才还很缺乏。据推算，日本国内缺口达数万人（编辑注：据 2022 年初的相关报告得知，中国的人工智能人才缺口高达500 万），人才培养成为当务之急。

为了应对这种高速变化的状况，日本政府层面采取了一系列措施，于2016 年 4 月召开了人工智能技术战略会议，并在同年 7 月成立了人才培养特别工作小组，就人工智能技术人才现状的把握、所需人才的情况、必要知识和技能的整理以及人才培养的措施等进行了讨论。其最终报告于 2017 年3 月整理完成（文献[2]）。

报告指出，为了实现产业化发展蓝图，需要培养具有以下能力的人才。

（1）人工智能技术问题的解决：AI 相关知识，发现有价值的问题，公式化并提供解决方法的能力。

（2）人工智能技术的实现：计算机科学知识、编程技术。

（3）人工智能技术的灵活应用：应用到具体社会问题的能力。

其中，（1）是指能够进行新的人工智能研究开发的人才，相当于信息系研究生以上学历的人才。本书是以"（2）人工智能技术的实现"为基础，以达到"（3）人工智能技术的灵活应用"为目标而编写的。

因为笔者经常被委托在企业内部、日本国家的人才培养计划、业界举办的研讨会上进行相关知识的讲座。在这样的背景下，出版社找我谈到了这次的出版计划。最初考虑本书内容由两部分构成：介绍具有代表性的机器学习方法基础的基础篇和展示 Python 实现示例的实践篇。但是考虑到市场上关于机器学习基础篇的好书已经有很多，再写同样的内容没有太大的意义，所以本书就以实现示例和实例为中心来组织了相关内容。

由于技术的迅速发展导致各类人才储备不足，Python 就不用说了，据说即使是缺乏编程经验和数学背景知识的人，也迫于业务和研究开发的需要，开始学习机器学习的相关技术了。随着程序库的越来越丰富，学习门槛虽然比以前降低了，但是掌握一定程度的数学知识和编程相关的基础知识还是很必要的。本书为了让读者顺利进入机器学习领域，本着"熟能生巧"的精神，以解说源代码为中心，对理解源代码所必需的最低限度的各学习方法的概念和编程知识进行了说明。因此，我们在源代码中添加了很多注释，甚至在正文中也尽量添加了关于代码的通俗说明。本书适用的读者是没有 Python 使用经验但有一点 Java 或 C 语言使用经验的群体。拥有一定的编程经验，能更好地理解和掌握学习时应注意的要点。

本书的前半部分，笔者使用在各种讲义的练习教材中用到的一些示例程序内容来展示具有代表性的机器学习方法（主要是分类器）的使用方法。后半部分从笔者的研究经验中摘录了一些适用于实际问题的例子，或者将各类经验组合后，重新构建了一些应用案例。希望本书能为读者更好地学习机器学习技术提供一些实质性的帮助。

福井健一

【本书使用注意事项】
- 本书的菜单显示等受程序版本、显示器分辨率等因素影响，存在与您使用的计算机显示不一样的情况。
- 关于本书内使用的代码，请根据勒口中的说明下载后使用。另外，关于在第 3 章中介绍的机器振动数据，本书提供了从振动速度数据生成本书示例程序的输入数据的步骤。
- 本书提供的文件仅限购买了本书的读者使用，请在仔细阅读本书的基础上使用。本书的著作权归属于本书作者福井健一先生。
- 本书仅供学习使用，对于因使用本书而造成的直接或间接损失，作者及出版社概不负责，风险由使用者个人承担。

目　录

第1章

什么是机器学习

本章将大致讲述机器学习都能做些什么，以及围绕机器学习的环境变化、机器学习的大体处理流程。在本章最后，通过讲解一个用 k 近邻算法实现分类的示例程序，来说明 Python 机器学习库 scikit-learn 的典型用法。在程序代码中尽可能多地添加了注释，本书中对每一程序块是做什么的都进行了说明。

机器学习（Machine Learning）是什么？如果用一句话回答，那就是"让计算机拥有学习能力的所有技术"。学习，简单来说，就是根据过去的经验能正确处理事物的能力。例如，通过反复练习投接球，可以预测球的轨迹，从而准确地接住球。机器学习被广泛应用于各种领域，如医疗诊断、推荐系统、垃圾邮件过滤、金融市场预测、DNA 序列的分类、图像/语音/文字等模式识别、象棋等游戏，以及最近的自动驾驶等（见图 1.1）。目前的机器学习，特别是在识别和预测的任务中可以发挥出巨大的作用。

图 1.1　被运用在各种领域的机器学习

在各个领域都备受关注的机器学习，其历史也特别悠久。早在 1959 年，美国计算机科学家亚瑟・塞缪尔（Arthur Samuel，被誉为"机器学习之父"）就曾提出"给计算机提供一种不用编程也能学习的研究领域"。例如，像数字的升序、降序排列问题那样，如果通过某个确定的算法可以得到解，就可以对该算法进行显式编程。但是，从图像中识别具有个体差异的狗和猫的算法并不明确，所以很难进行显式编程。因此，从训练数据中捕捉其特征，在计算机内构建用于分类和预测的模型，这种技术就是机器学习。再稍微形式化一点来表达的话，美国的人工智能学者汤姆・米切尔（Tom M.Mitchell）是这样表达的："计算机程序是指在某个任务 T 与给定的评价标准 P 中，通过从经验 E 中学习可以改善评价标准 P 的值"（文献[6]）。也就是说，通过对数据进行训练，能够提高分类和预测等性能。

近年来，随着计算机和通信环境的发展、传感器设备的小型化和低成本化，以及以智能手机为代表的便携终端的普及，人们迎来了每天积累大量电子数据的时代。而近年来机器学习备受关注的原因，很大一部分是随着基于概率和统计的机器学习理论和技术的发展，以及上述计算机和通信环境的发展，以前无法处理的计算量问题和训练数据不足的问题都得以解决。可以说，机器学习已经具备了可以应用到实际环境的能力。从 2013 年开始，机器学习，特别是**深度学习**都起到了引领作用，因此，现在被称为人工智能的第三次热潮。

同时，与人工智能一起受到关注的编程语言 Python，在它的 scikit-learn 库中，有着各种机器学习算法和机器学习的一系列过程所需的功能，并且以方便使用的粒度进行了模块化。Python 语法简单，并且能轻松绘制图表，同时 Jupyter Notebook（见图 1.2）也被认为给近来的人气做出了贡献，它是一个可以运行程序并且依次保留执行结果的编辑环境。Jupyter Notebook 适用于需要反复试错的数据分析和机器学习的实践，并得到了广泛使用。以前，机器学习的应用程序中有统计分析软件 R 和具有丰富 GUI 的 Weka 等，但是由于 Python、scikit-learn、Jupyter Notebook 等的出现，可以说入门的门槛进一步降低了。

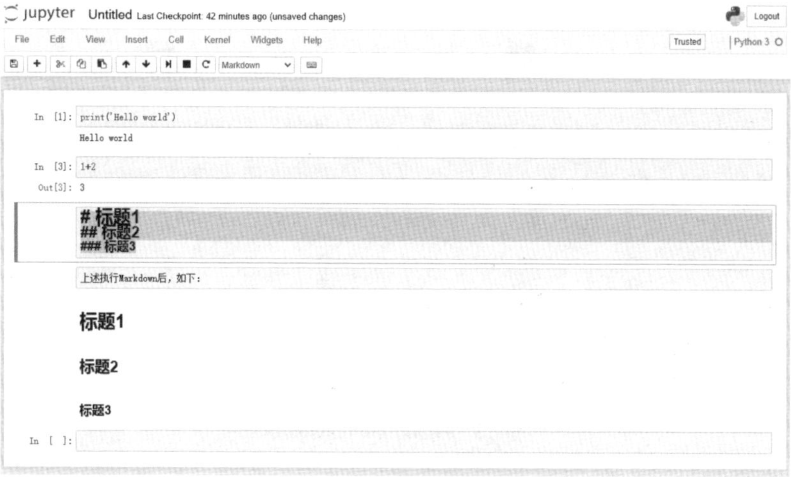

图 1.2　Jupyter Notebook 界面

最近，市场上有很多关于机器学习的书籍，从入门书到内容高深的专业书。关于机器学习的理论背景和详细的算法，读者可参考市面上的其他优秀书籍，本书主要面向那些今后想要灵活应用机器学习的技术人员和刚开始学习不久的大学生、研究生们，通过说明如何使用程序库来运行机器学习的整个过程，以及如何安装、应该注意些什么，让大家对机器学习有一个概念。本书中关于 Python 的语法的介绍，只限于理解本书的程度，对最基本的必要部分随时加以说明。本书的前半部分分别列举了对机器学习的基础分类器和预测器的使用示例，后半部分是实践性质的内容，列举了机器振动数据和睡眠数据的应用实例。

本书的程序需要使用 Python 3.6.4、scikit-learn 0.19.1、numpy 1.14.2、pandas 0.22、scipy 1.0.0、keras 2.1.6、tensorflow 1.9.0 来查看和运行。Python 拥有各种各样的程序库，这一点很方便，而且它们之间相互的依赖关系也很强，为此，安装 Anaconda（见图 1.3）这个安装包会很方便。只要安装 Anaconda 的 Python 3.6 版本（64 bit 版），就能安装本书所需的程序库①。

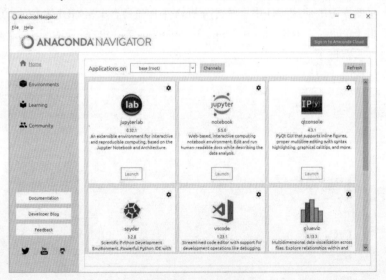

图 1.3　Anaconda Navigator

---

① 如果是第一次安装，需要在安装 Anaconda 的 Python 3.7（64 bit 版）之后再降级为 3.6。

不过，还需要另外安装 Keras 和 TensorFlow。首先，启动 Anaconda Navigator，从界面左侧的菜单中选择 Environments。然后，从右侧的下拉菜单中选择 All（见图 1.4），之后从搜索窗口中搜索 Keras 或 TensorFlow。最后，勾选需要安装的安装包，单击 Apply 即可进行安装。

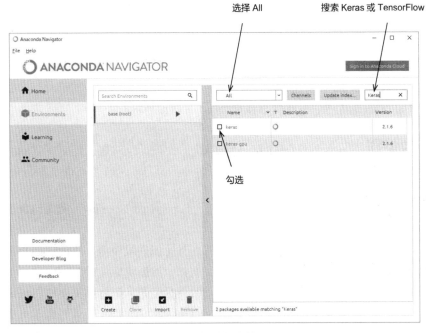

图 1.4　追加安装

1.4　关于机器学习的书籍

　　这里介绍一下阅读本书之时作为基础书的书籍和在阅读本书之后应该阅读的书籍。读者在阅读本书过程中受阻时或在阅读本书之后想要进一步学习更多知识时，可以将以下书籍作为参考。

　　首先，作为机器学习整体的入门书，推荐文献[9]和文献[28]①。本书的前半部分内容也参考了这些书籍。特别是文献[9]，由能够覆盖机器学习广大领域的最低限度的理论背景和 Python 与 Weka 的安装实例组成，并且其作者很好地平衡了二者的内容，因此非常适用于俯瞰整体。而文献[28]，含有

---

① 参考文献都集中记载在本书最后的"参考文献"一节中。

非常多的实践性质的 TIPS。与此同时，市面上还新出了很多简单易懂的入门书，如文献[33]、[21]、[11]、[25]、[30]、[27]等。对于实在理解不了算式的人，或者只想了解一下大致概念的人，文献[22]等也许更合适。

另外，对于想要查看装配实例的读者，可以选择文献[31]。

上述都是关于机器学习整体的入门书籍，如果关于个别技术还想更进一步详细了解，可以选择"机器学习专业系列"或续编的"机器学习起步系列"等。例如，本书中涉及的异常检测在文献[17]中就总结得非常完整。文献[26]、[29]，作为内容来讲，是高于机器学习整体的，它们面向的是专业研究人员。此外，由于机器学习还有很多与模式识别相关的部分，文献[14]、[15]、[34]等也对其理论背景进行了详细的解说。

1.5 机器学习的分类

机器学习大体上被分为有监督学习（Supervised Learning）和无监督学习（Unsupervised Learning）。

有监督学习 这里的监督是指目标任务（识别或预测）里的正确答案信息，这个答案信息多半是人给出的。例如，给图像标注的猫和狗这种类别（标签）就是监督信息。有监督学习的目标就是从训练数据中取得规则（函数），该规则（函数）可以如图 1.5（识别时的情况）那样根据苹果或橘子的观测值来识别"苹果"或"橘子"的类别。一旦能够学习规则，对于新的观测数据，就能根据观测值推算出"苹果"或"橘子"的类别。有监督学习的主要任务包括：分类识别（分类）问题和预测输出值的回归问题。分类识别问题是指以图像作为输入把狗类和猫类分开的问题；而回归问题是指以气温和湿度等天气信息作为输入，预测当日商店销售额的问题。

无监督学习 无监督学习是指不使用作为正确答案的类别或输出值进行学习，这是一种找出全部或部分观测数据和测量数据成立的规律、模式或相似之处的发现性方法。因此，无监督学习经常被用于数据挖掘。典型的无监督学习，如聚类（见图 1.6），是根据观测数据之间的相似性，将数据分成类似的子集的问题。由于没有作为正确答案的监督信息，因此在一般情况下很难定量评价结果的好与坏，但是有几个聚类的合法性指标。

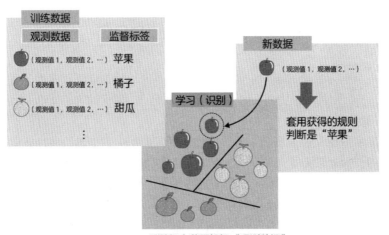

图 1.5　有监督学习（识别）

　　除了上述两种分类，还有将容易收集的无监督数据作为有监督学习的辅助而灵活运用的**半监督学习（Semi-Supervised Learning）**，以及在与环境的相互作用下进行在线学习的**强化学习（Reinforcement Learning）**等。

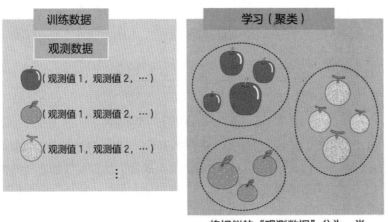

图 1.6　无监督学习（聚类）

　　另外，目前出现了各种结构的深度学习。深度学习的常见结构是通过无监督学习进行特征提取，然后通过有监督学习进行精调，从而实现深层次的学习。

1.6 机器学习的流程

本节学习关于机器学习的主要任务——识别的大致处理流程。这里基于图 1.7 所示的加速度和心率来识别当时的行动（乘公交车、步行、骑自行车）的问题进行学习。

测量数据是加速度和心率，首先从测量数据中提取出一些特征量。例如，根据加速度数据计算出最大加速度和各频带的平均功率，根据心率计算出 R-R 间隔（峰值的间隔）等多个**特征量**，并将其汇总作为**特征向量**。

其次，学习分类器的某个机器学习算法会把这个特征向量作为输入数据 x，把对应的行动的分类结果（乘公交车、步行、骑自行车）作为监督信息 y，用函数 f 从输入（特征向量）x 映射到输出（行动）y，并对函数 f 进行模型化。

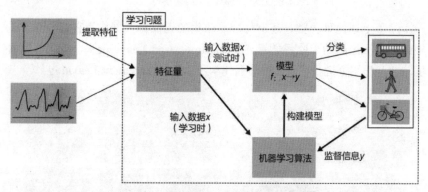

图 1.7 机器学习（识别）的大致流程

图 1.7 中虚线框里的粗箭头部分是学习问题。通过调整机器学习模型的参数进行学习，以便将机器学习的输出与正确答案的监督信息之间的偏差定量化（称为损失函数或误差函数）、最小化。而且一旦模型被构建好，粗箭头部分就不要了，可以直接通过模型来获得识别的结果。

一般来说，如果机器学习模型的自由度很高，**训练数据**（也称为**学习数据**）比较容易提高性能，但是有时会特殊化得过于适合训练数据，这种状态叫作**过拟合**（**Overfitting**）或者**过度学习**。如图 1.8（a）所示，模型对训练数据能 100%识别。然而本来的目的是对还未用于学习的**未知数据**（也叫**测试数据**）给出很好的性能，一般认为如图 1.8（b）所示的那样的简单的模型性能更好，这叫作**泛化能力**。因此，如何根据有限的训练数据抑制过拟合，提高未知数据的性能就成为关键。但是，并不是任何时候线性模型都是好的，而是要根据对象的复杂度适当地调整模型的复杂度。

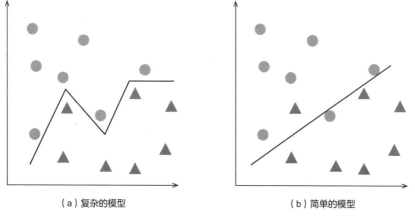

（a）复杂的模型　　　　　　　　（b）简单的模型

图 1.8　过拟合和泛化能力

本书中的示例程序是将提取特征后（或者无须提取特征的简单测量值）的特征向量作为输入的。在处理实际问题时，大多数情况下关键在于能否计算出对应任务的适当特征量。由于特征提取取决于对象，所以本书没有涉及。

另外，最近的深度学习因无须人工提取特征也能通过原始（raw）信号进行高精度学习而一举成名。在机器学习内部，能够获得特征的表现被称为**表示学习**（Representation Learning）。不过，在编写本书的时候，表示学习仅在图像和声音等时空密集型数据大量存在的情况下才能充分发挥作用。

1.7　*k* 近邻算法分类

本节将通过被称为 *k* 近邻算法（*k*-Nearest Neighbor，*k*-NN）的分类器的例子来学习机器学习的一系列过程。

k 近邻算法是查看距离自身数据邻近的 *k* 个训练数据，根据 *k* 个类别标签的（加权）多数来决定类别的分类方法。图 1.9 是 *k* = 3 时使用 *k* 近邻算法进行分类的概念图。假设要分类的新数据是用四方形的点（■）表示的特征量，查看距它最近的 3 个点来确定多数的分类。这个例子的情况下，有两个●和一个▲，所以新数据■的类别就识别为●。由于 *k* 近邻算法不制作学习模

型，因此需要总是保持训练数据，在测试时是一种计算成本很高的方法。

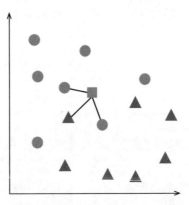

图 1.9　k 近邻算法（k = 3）分类

在本节介绍的示例程序中，将使用鸢尾科植物鸢尾花的测量数据（Iris 数据集）。Iris 数据常被用作基准测试的数据。示例程序中基本的统计信息如下。

- 样品数：150。
- 特征数：4（花萼长度、花萼宽度、花瓣长度、花瓣宽度）。
- 类别数：3（各 50 个样本）。

这里的类别有 3 种鸢尾花：setosa、versicolor、virginic。

scikit-learn 的使用方法在 scikit-learn.org 中有丰富的 API 参考。

其中除了 scikit-learn 中提供的函数、变量、参数的一览表外，还提供了使用示例。例如，Iris 数据集从一开始就随 scikit-learn 一起提供，如果要读取可以使用 sklearn.datasets.load_iris 函数。不过，scikit-learn 根据版本不同，模块的位置可能会发生变化，参数也可能有所改变，因此最好确认一下所使用的 scikit-learn 版本，然后再查看相应的 API 参考。

源代码 1.1 中所示是通过 k 近邻算法对 Iris 数据集进行分类，绘制识别边界面的示例代码。

源代码 1.1　通过 k 近邻算法对 Iris 数据集进行分类和绘制识别边界面

```
1    #### 机器学习的基本过程
2    #### 用 k 近邻算法对 Iris 数据集进行分类和绘制识别边界面
3    from sklearn import datasets
4    import numpy as np
```

```
5    from matplotlib.colors import ListedColormap
6    import matplotlib.pyplot as plt
7    from sklearn.model_selection import train_test_split
8    from sklearn.preprocessing import StandardScaler
9    from sklearn.neighbors import KNeighborsClassifier
10   from sklearn.metrics import accuracy_score
11
12   # k 近邻算法的邻近参数 k
13   neighbors = 5
14   # 用来分割测试数据的随机数的种子（整数值）
15   random_seed = 1
16   # 测试数据的比例
17   test_proportion = 0.3
18   # 加载 Iris 数据集
19   iris = datasets.load_iris()
20   # 指定所用特征的两个维度（如果是 Iris 则从 0、1、2、3 开始）。d1 和 d2
        指定不同的维度
21   d1 = 0
22   d2 = 1
23   # 使用第 d1、d2 列的特征量
24   X = iris.data[:, [d1, d2]]
25   # 取得类别标签
26   y = iris.target
27
28   # 使用 train_test_split()函数将数据集分割为训练数据和测试数据
29   # test_size:测试数据的比例；random_state: 用于分割的随机数生成器的种子
30   X_train, X_test, y_train, y_test = train_test_split(X, y,
         test_size = test_proportion, random_state = random_seed)
31
32   # 进行标准化，每个特征平均值 0，标准偏差 1 （也被称为 z 分数）
33   sc = StandardScaler()
34   sc.fit(X_train)
35   X_train_std = sc.transform(X_train)
36   X_test_std = sc.transform(X_test)
37
38   # 使用 KNeighborsClassifier 类创建 k 近邻算法的实例 knn
39   # n_neighbors: 近邻数 k
40   knn = KNeighborsClassifier(n_neighbors=neighbors)
41
42   # 将训练数据拟合到 k 近邻算法的模型中
43   knn.fit(X_train_std, y_train)
44
```

```
45   # 计算出分类精度
46   acc_train = accuracy_score(y_train, knn.predict(X_train_std))
47   acc_test = accuracy_score(y_test, knn.predict(X_test_std))
48   print('k=%d, features=(%d,%d)' % (neighbors, d1, d2))
49   print('accuracy for training data: %f' % acc_train)
50   print('accuracy for test data: %f' % acc_test)
51
52   # 绘制识别边界面
53   x1_min, x1_max = X_train_std[:, 0].min() - 0.5,
          X_train_std[:, 0].max() + 0.5
54   x2_min, x2_max = X_train_std[:, 1].min() - 0.5,
          X_train_std[:, 1].max() + 0.5
55   xx1, xx2 = np.meshgrid(np.arange(x1_min, x1_max, 0.02),
56                          np.arange(x2_min, x2_max, 0.02))
57
58   Z = knn.predict(np.array([xx1.ravel(), xx2.ravel()]).T)
59   Z = Z.reshape(xx1.shape)
60
61   markers = ('s', 'x', 'o', '^', 'v')
62   colors = ('red', 'blue', 'lightgreen', 'gray', 'cyan')
63   cmap = ListedColormap(colors[:len(np.unique(y))])
64
65   plt.figure(figsize=(10,10))
66   plt.subplot(211)
67
68   plt.contourf(xx1, xx2, Z, alpha=0.5, cmap=cmap)
69   plt.xlim(xx1.min(), xx1.max())
70   plt.ylim(xx2.min(), xx2.max())
71
72   for idx, cl in enumerate(np.unique(y_train)):
73       plt.scatter(x=X_train_std[y_train == cl, 0],
          y=X_train_std[y_train == cl, 1],
74               alpha=0.8, c=cmap(idx),
75               marker=markers[idx], label=cl)
76
77   plt.xlabel('sepal length [standardized]')
78   plt.ylabel('sepal width [standardized]')
79   plt.title('train_data')
80
81   plt.subplot(212)
82
83   plt.contourf(xx1, xx2, Z, alpha=0.5, cmap=cmap)
84   plt.xlim(xx1.min(), xx1.max())
```

```
85   plt.ylim(xx2.min(), xx2.max())
86
87   for idx, cl in enumerate(np.unique(y_test)):
88       plt.scatter(x=X_test_std[y_test == cl, 0],
             y=X_test_std[y_test == cl, 1],
89               alpha=0.8, c=cmap(idx),
90               marker=markers[idx], label=cl)
91
92   plt.xlabel('sepal length [standardized]')
93   plt.ylabel('sepal width [standardized]')
94   plt.title('test_data')
95   plt.show()
```

首先，第 19 行的 datasets.load_iris() 读取 scikit-learn 中的 Iris 数据，第 24 行的.data 查看了样本数×特征量数的数组。在这里，这个程序把识别边界面绘制成了二维图像，因此使用的特征量限定为 d1、d2 两个。第 21 和 22 行中，d1、d2 被指定为了 0 和 1，此时是使用花萼的长和宽。第 24 行的 data 后面的[:, [d1, d2]]指定了矩阵中行和列的开始和结束的位置。第一个和最后一个位置可以省略，所以 "：" 在行方向上查看了全部（即所有数据），[d1, d2]表示仅查看 d1 和 d2 列，并存储在 X 中。然后，监督信息的类别标签可以用.target 查看，存储在 y 中。

接下来将数据集分割为训练数据和测试数据，这里也提供了方便的函数。第 30 行中，使用 scikit-learn 提供的函数 train_test_split 进行分割。参数 test_size 是测试数据的比例，此时是用第 17 行的 test_proportion=0.3，采用了 30%的测试数据。random_state 是用于分割的随机数种子。如果要对学习结果进行更准确一点的评价，可以改变随机数种子，通过尝试几组训练数据和测试数据从而得到平均评价，而本示例中仅用一个随机数种子执行。

第 33～36 行，对各特征量进行了 **z 分数**的**标准化**。如果是 Iris 数据集则不会有多大变化，但如果是每个特征量取值的范围有很大差异的情况，就需要进行一些标准化。z 分数按每个特征量进行平均值 0、标准偏差 1 的值转换。此外还有其他标准化方法，如按最大值和最小值的差为 1 进行标准化，或者不按每个特征量，而是按每个数据点所有特征量的平方和为 1 进行标准化等。z 标准化在 scikit-learn 中有函数可以使用。首先，第 33 行用 StandardScaler 类的实例 sc 进行 z 标准化。第 34 行用 sc.fit(X_train)拟合训练数据（求出各特征量的平均值与标准偏差的处理），使用其结果，用第 35、36 行的 sc.transform 把训练数据和测试数据转换为 z 分数。

第 40 行，是一个 k 近邻算法的 KNeighborsClassifer 类的实例。参数 n_neighbors 是近邻数 k，示例程序第 13 行指定了 neighbors=5。第 43 行的 knn.fit(X_train_std, y_train)对做了 z 标准化的训练数据进行拟合。k 近邻算法 与别的机器学习算法不同，它不进行模型的学习，在这里创建了用于近邻 检索的索引。

第 46、47 行对训练数据和测试数据计算出正确率（Accuracy）。这里 scikit-learn 提供了一个好用的函数 accuracy_score。只要给参数传递正确答案 类别的列表和预测出来的类别的列表，就能计算出正确率。用 k 近邻算法进 行的分类可以通过 knn.predict()获得。这里的正确率将进行如下计算。为了 简单起见，我们采取正例（Positive Examples）和负例（Negative Examples） 两类，首先考虑一个如表 1.1 所列的混淆矩阵。

通过表 1.1 定义如下正确率（Accuracy）的计算方法。

表 1.1　混淆矩阵

	识别结果为正的类	识别结果为负的类
正确答案为正的类 正确答案为负的类	True Positive (TP) False Positive (FP)	False Negative (FN) True Negative (TN)

$$\text{Accuracy} = \frac{TP+TN}{TP+FP+TN+FN} \qquad (1.1)$$

正确率是在所有的数据中被正确识别的数据的比例，因此它是基础指 标。通过混淆矩阵，除了正确率外还会计算出各种各样的指标，有关内容 将在后面的例子中出现时再进行介绍。执行此程序，则正确率为

```
accuracy for training data: 0.857143
accuracy for test data: 0.688889
```

第 53 行以后进行的是识别边界面的绘制。k 近邻算法没有直接求出识别 函数，因此这里以 0.02 间隔生成网格，对所有网格点应用 k 近邻算法得到分 类结果，并根据该分类结果添加背景色。这一部分与 scikit-learn 的使用方法 无关，所以即使理解不了程序的内容也没关系。绘制结果如图 1.10 所示。 上边的图是对训练数据识别的结果，下边的图是测试数据的结果。因为有 3 个类别，所以用 3 种颜色区分。各数据点使用正确答案类别对应的颜色进行 绘图，背景根据 k 近邻算法的识别结果标记对应类别的颜色。因此，背景颜 色与绘图颜色不同的数据点就是被误识别的。

scikit-learn 中提供了很多这样的支持机器学习全过程的模块。

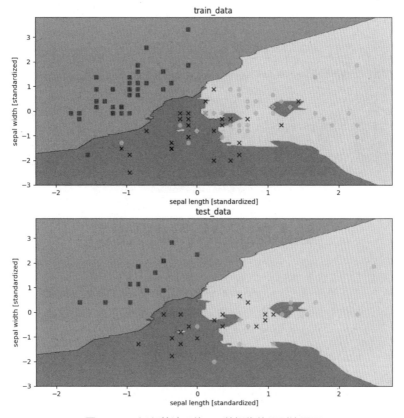

图 1.10　*k* 近邻算法下的 Iris 数据集的识别边界面

第 2 章

基本的分类器和预测器

　　本章通过一些使用示例来介绍基本的分类器和预测器的使用方法。作为典型的分类器，本章将介绍决策树学习、朴素贝叶斯分类器、逻辑回归、多层感知器、支持向量机、深度学习。对它们的具体方法这里不作详细说明，但会简单说明概要。这里也对用到了 scikit-learn 的使用示例添加了注释和丰富的说明，更在应用各方法的示例中，穿插了特征选择、维度压缩、参数调整等实践性话题。

　　决策树（Decision Tree）**以树状结构表现分类规则**，选择某个特征作为问题项用于分类，通过重复这种处理来表现分类规则（见图2.1）。图2.1中的例子根据天气的数据分成"打"高尔夫还是"不打"高尔夫两个类别。在这里，决策树学习是指如何把可进行分类的特征放到树上。

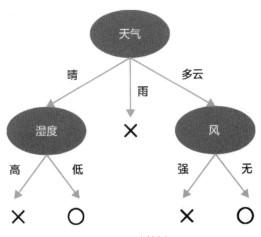

图2.1　决策树

　　一个著名的决策树学习的算法叫 C4.5，它通过信息量（**熵**）来计算在用某一特征进行分类时，混杂了多少不同的正确答案标签的数据。随后，选择用某一特征分类前和分类后的信息量的差（**信息增益**）最大的特征作为分类的提问项，并通过重复这一处理来构建树结构。还有一个 CART 算法，用**基尼系数**代替信息量基准来选择特征。

　　决策树学习具有以下两个特点：

- 混合处理分类变量和数值变量。
- 能够通过树结构以较容易理解的形式输出结果。

　　以决策树为基础的学习方法还有随机森林等，不过这些是少数的可使学习结果可视化的方法。

　　同样以第 1 章的识别 Iris 数据集为例，来看一下通过决策树学习识别的源代码（源代码 2.1）。

```
1    #### 基于决策树学习的识别和绘制决策树
2    from sklearn import datasets
3    import numpy as np
4    from sklearn.model_selection import train_test_split
5    from sklearn.preprocessing import  StandardScaler
6    from sklearn.tree import DecisionTreeClassifier, export_graphviz
7    from sklearn.metrics import precision_recall_fscore_support
8
9    # 测试数据的比例
10   test_proportion = 0.3
11   # 加载 Iris 数据集
12   iris = datasets.load_iris()
13   # 取得特征向量
14   X = iris.data
15   # 取得类别标签
16   y = iris.target
17
18   # 分割为训练数据和测试数据
19   X_train, X_test, y_train, y_test =
         train_test_split(X, y, test_size = test_proportion,
         random_state = 1)
20
21   # 用 Z 分数归一化
22   sc = StandardScaler()
23   sc.fit(X_train)
24   X_train_std = sc.transform(X_train)
25   X_test_std = sc.transform(X_test)
26
27   # 生成以熵为指标的决策树实例，使训练数据拟合决策树模型
28   tree = DecisionTreeClassifier(criterion='entropy', max_depth=3)
29   tree.fit(X_train_std, y_train)
30
31   # 使用经过学习的决策树，预测训练数据及测试数据的类别，将结果存储在
         t_train_predicted 和 y_test_predicted 中
32   y_train_predicted = tree.predict(X_train_std)
33   y_test_predicted = tree.predict(X_test_std)
34
35   # 输出测试数据的正确答案类别和决策树的预测类别
36   print("Test Data")
37   print("T Label", y_test)
```

```
38  print("P Label", y_test_predicted)
39
40  # 使用函数 precision_recall_fscore_support 计算出训练数据和测试数据对
        应的 Precision、Recall 和 F 值，并存储在 fscore_train 和 fscore_test 中
41  fscore_train = precision_recall_fscore_support(y_train,
                                                   y_train_predicted)
42  fscore_test = precision_recall_fscore_support(y_test,
                                                  y_test_predicted)
43
44  # 计算平均 Precision、Recall、F 值
45  print('Training data')
46  print('Class 0 Precision: %.3f, Recall: %.3f, Fscore: %.3f' %
        (fscore_train[0][0], fscore_train[1][0], fscore_train[2][0]))
47  print('Class 1 Precision: %.3f, Recall: %.3f, Fscore: %.3f' %
        (fscore_train[0][1], fscore_train[1][1], fscore_train[2][1]))
48  print('Class 2 Precision: %.3f, Recall: %.3f, Fscore: %.3f' %
        (fscore_train[0][2], fscore_train[1][2], fscore_train[2][2]))
49  print('Average Precision: %.3f, Recall: %.3f, Fscore: %.3f' %
        (np.average(fscore_train[0]), np.average(fscore_train[1]),
        np.average(fscore_train[2])))
50
51  print('Test data')
52  print('Class 0 Precision: %.3f, Recall: %.3f, Fscore: %.3f' %
        (fscore_test[0][0],  fscore_test[1][0],  fscore_test[2][0]))
53  print('Class 1 Precision: %.3f, Recall: %.3f, Fscore: %.3f' %
        (fscore_test[0][1],  fscore_test[1][1],  fscore_test[2][1]))
54  print('Class 2 Precision: %.3f, Recall: %.3f, Fscore: %.3f' %
        (fscore_test[0][2],  fscore_test[1][2],  fscore_test[2][2]))
55  print('Average Precision: %.3f, Recall: %.3f, Fscore: %.3f' %
        (np.average(fscore_test[0]), np.average(fscore_test[1]),
        np.average(fscore_test[2])))
56
57  # 以 Graphviz 格式输出学习后的决策树模型
58  # 输出的 tree.dot 文件可以由 Graphviz(gvedit)打开以绘制树结构
59  # 如果是命令行，则是'dot -T png tree.dot -o tree.png'
60  export_graphviz(tree, out_file='tree.dot',
        feature_names=['Sepal length', 'Sepal width', 'Petal length',
        'Petal width'])
61  print("tree.dot file is  generated")
```

到第 25 行为止，程序执行的都是与第 1 章的示例相同的处理，但是源代码 2.1 中使用了全部 4 个特征量。在第 28 行，创建 DecisionTreeClassifier

类的实例进行决策树学习，并在第 29 行拟合训练数据。在本例中，指定了以熵为选择特征的基准作为 DecisionTreeClassifier 的参数。另外，max_depth 指定了要创建的树的最大深度。然后通过 fit()，使用训练数据根据熵获得用于分类的决策树。

第 32、33 行中，把经过 fit() 学习后的决策树应用到训练数据和测试数据，从而取得分类结果。然后，在第 37、38 行，输出测试数据对应的正确答案类别和通过决策树识别出来的预测类别的列表。执行后，显示结果如下：

```
Test Data
T Label [0 1 1 0 2 1 2 0 0 2 1 0 2 1 1 0 1 1 0 0 1 1 1 0 2 1 0 0 0 1 2
 1 2 1 2 2 0 1 0 1 2 2 0 2 2 1]
P Label [0 1 1 0 2 1 2 0 0 2 1 0 2 1 1 0 1 1 0 0 1 1 2 0 2 1 0 0 0 1 2
 1 2 1 2 2 0 1 0 1 2 2 0 1 2 1]
```

此时，用方框表示的数据是被错误分类的。

第 41、42 行对训练数据和测试数据计算 Precision（精度）、Recall（重现率）和 F 值（F-score，或 F_1）。使用表 1.1 中所示的混淆矩阵，分别定义如下：

$$\text{Precision} = \frac{\text{TP}}{\text{TP+FP}} \tag{2.1}$$

$$\text{Recall} = \frac{\text{TP}}{\text{TP+FN}} \tag{2.2}$$

$$F_1 = \frac{2\text{Precision} \times \text{Recall}}{\text{Recall+Precision}} \tag{2.3}$$

Iris 数据集平均每个类别有 50 个样本，但如果原来的数据的数量有偏差，如类别 1 有 90 个样本，类别 2 只有 10 个样本，只要能把类别 1 的数据全部正确识别，那么类别 2 就算全都不是正确答案，正确率也能达到 90%。像这种数据的数量有偏差时，对每个类别分别计算出精度、重现率和 F 值，通过用所有类别的平均精度、平均重现率和平均 F 值来评价整体，也能对少数类别进行平等的评价。以精度、重现率、F 值×类别的二维数组输出结果，这个示例程序中训练数据和测试数据在 fscore_train 和 fscore_test 中存储结果，代码第 52~55 行用于显示结果。第 49 行使用数值计算模块 numpy，计算出所有类别的平均精度、平均重现率和平均 F 值。执行后，显示结果如下：

```
Training data
Class 0 Precision: 1.000, Recall: 1.000, Fscore: 1.000
```

```
Class 1 Precision: 1.000, Recall: 0.938, Fscore: 0.968
Class 2 Precision: 0.949, Recall: 1.000, Fscore: 0.974
Average Precision: 0.983, Recall: 0.979, Fscore: 0.980
Test data
Class 0 Precision: 1.000, Recall: 1.000, Fscore: 1.000
Class 1 Precision: 0.944, Recall: 0.944, Fscore: 0.944
Class 2 Precision: 0.923, Recall: 0.923, Fscore: 0.923
Average Precision: 0.956, Recall: 0.956, Fscore: 0.956
```

scikit-learn 本身不具备绘制学习后的决策树的功能，但它提供一个 export_graphviz()函数，该函数输出的文件格式能被一个名为 Graphviz 的图表绘制软件读取。执行该示例程序，会生成一个 tree.dot 文件，启动 Graphviz 打开 tree.dot 文件，或者通过命令行执行如下命令：

```
$ dot -T png tree.dot -o tree.png
```

就会生成如图 2.2 所示的决策树图像文件。

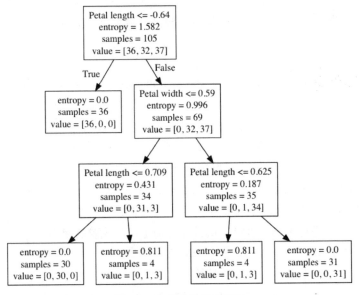

图 2.2 Iris 数据集的决策树

图 2.2 所示，如果经过标准化后的花瓣长度（Petal length）值低于-0.64，则被分类到左侧，否则被分类到右侧（因为是用 z 分数标准化的，所以也可以得到负数）。训练数据 105 个样本中有 36 个样本被分类到左侧的节点，因此 value=[36,0,0]。这里的 value=[类别 0 的数量, 类别 1 的数量, 类别 2 的

数量]。也就是说，由于左侧的节点中全都是类别 0 的数据，所以熵（entropy）为 0，不会再被分割。在这里，熵是表示杂乱程度的指标，如果都是同一类别的话则为 0，反之均分的时候是最大的。而右侧的子节点是剩下的类别 1 和类别 2 的 69 个样本，针对这些样本，根据经过标准化的花瓣宽度（Petal width）值是否低于 0.59 分成左右子节点，以此类推追加子节点，直到熵变成 0（全都是同一类别的样本）或者达到指定的最大深度（在这里是 3）。

决策树学习器构建分类器的形式是像图 2.2 所示的那样根据有效分类特征进行数据分割，因此很容易看出分类的依据。

2.2　朴素贝叶斯分类器

朴素贝叶斯分类器（Naive Bayes Classifier）是一种统计分类器，它假设各特征是独立的，**并将其分类为后验概率最大化的类别**。为了简单说明，下面假设数据点 x（特征）为 x =(气温='高', 天气='晴',湿度='低')，目标（类别变量）为 y ='打高尔夫'进行说明。

后验概率 $p(w|\text{x})$ 是指在观测数据点 x 的基础上，用条件概率来表现它是类别 w 的概率。**最大后验概率**（Maximum a Posteriori，MAP）估计的规则是，例如观测了(气温='高', 天气='晴',湿度='低')，计算"打高尔夫"和"不打高尔夫"的后验概率，把概率高的分类为对应该观测数据的类别。

最大后验概率估计根据**贝叶斯定理**，以 $p(w|\text{x})p(w)$ 的形式书写。在这里，$p(w|\text{x})$ 被称为**似然度**，表示数据点 x 对类别 w 的相似度。而**先验概率** $p(w)$ 表示各类别的生成概率。它可以单纯用训练数据以"打高尔夫""不打高尔夫"的比例进行推测，也可以由设计者指定。在先验概率中，一开始就要考虑"打高尔夫"的概率高还是不高。

关于似然度的计算，需要计算所有特征的组合，而有限的样本会很难计算。在朴素贝叶斯分类器中，把各特征简化成独立生成的特征，用各特征的出现概率的乘积求出似然度。例如，各特征的似然度根据训练数据中'打高尔夫'且气温='高'的观测数据的比例进行推测。

另外，朴素贝叶斯分类器也应用于数值特征的分类，不过需要假设一些统计模型。例如，假设是正态分布，每个类都求出气温的平均值和标准偏差的参数，对新数据计算其正态分布对应的拟合度。

源代码 2.2 所示为用朴素贝叶斯分类器进行有关天气和高尔夫的相关数据的分类。

源代码 2.2   朴素贝叶斯分类器分类与 ROC 曲线评价

```
1    #### 朴素贝叶斯分类器识别和 ROC、AUC 评价
2    #### 使用天气和高尔夫的标签特征数据
3    import numpy as np
4    from sklearn.preprocessing import LabelEncoder,OneHotEncoder
5    from scipy.io import arff
6    from sklearn.model_selection import LeaveOneOut
7    from sklearn.metrics import roc_curve,auc,roc_auc_score
8    import matplotlib.pyplot as plt
9    from sklearn.naive_bayes import BernoulliNB
10
11   # 读入 arff 数据集
12   f = open("weather.nominal.arff", "r", encoding="utf-8")
13   data, meta = arff.loadarff(f)
14
15   # 设置标签编码器
16   le = [LabelEncoder(), LabelEncoder(), LabelEncoder(), LabelEncoder(),
          LabelEncoder()]
17   for idx,attr in enumerate(meta):
18       le[idx].fit(list(meta._attributes[attr][1]))
19
20   class_array = np.array([])
21   feature_array = np.zeros((0,4))
22
23   # 使用 LabelEncoder 将标签特征转换为数值
24   # 例如，变量 outlook 的值{sunny, overcast, rainy}被转换为{0,1,2}
25   for x in data:
26       w = list(x)
27       class_array = np.append(class_array, le[-1].transform
              (w[-1].decode("utf-8").split()))
28       w.pop(-1)
29       for idx in range(0, len(w)):
30       w[idx] = le[idx].transform(w[idx].decode("utf-8").split())
31       temp = np.array(w)
32       feature_array = np.append(feature_array, np.ravel(temp).
              reshape(1,-1), axis=0)
33
34   # 使用 OneHotEncoder 将 LabelEncoder 中转换为数值的标签特征再度转换
```

```
35    # sunny 转换为{1,0,0}，overcast 转换为{0,1,0}，rainy 转换为{0,0,1}
36    # 对于没有顺序的标签变量，只用 LabelEncoder 是不合适的
37    enc = OneHotEncoder()
38    feature_encoded = enc.fit_transform(feature_array).toarray()
39
40    # ================================================================
41    # 留一法交叉验证（Leave-one-out cross-validation）
42    # 从全部 N 个数据中去掉 1 个，将(N-1)个数据作为训练数据来学习模型，
43    # 用剩下的 1 个数据来测试学习后的模型。以此类推重复 N 次
44
45    print("Leave-one-out Cross-validation")
46    y_train_post_list,y_train_list,y_test_post_list,y_test_list =
          [],[],[],[]
47
48    loo = LeaveOneOut()
49    for train_index, test_index in loo.split(feature_encoded):
50        X_train, X_test = feature_encoded[train_index],
              feature_encoded[test_index]
51        y_train, y_test = class_array[train_index],
              class_array[test_index]
52
53        # ============================================================
54        # 创建朴素贝叶斯分类器的实例，拟合训练数据
55        # 使用伯努利贝叶斯（BernoulliNB）
56        # alpha(>0) 是平滑参数
57        # 指定 fit_prior=True ，从训练数据中求得先验概率
58        # class_prior 以 class_prior=[0.2,0.8] 的形式指定先验概率，
              fit_prior=False 时有效
59        clf = BernoulliNB(alpha=15, class_prior=[0.2,0.8],
                          fit_prior=False)
60        clf.fit(X_train, y_train)
61
62        # ============================================================
63        # 计算出训练数据和测试数据对应的各类别的后验概率
64        posterior_trn = clf.predict_proba(X_train)
65        posterior_tst = clf.predict_proba(X_test)
66
67        # 输出测试数据的正确答案类别和后验概率
68        print("True Label:",  y_test)
69        print("Posterior Probability:", posterior_tst)
70
71        # 保存正确答案类别和后验概率
```

```
72      y_train_post_list.extend(posterior_trn[:,[1]])
73      y_train_list.extend(y_train)
74      y_test_post_list.append(posterior_tst[0][1])
75      y_test_list.extend(y_test)
76
77      # 绘制 ROC 曲线和计算 AUC
78      fpr_trn, tpr_trn, thresholds_trn = roc_curve(y_train_list,
            y_train_post_list)
79      roc_auc_trn = roc_auc_score(y_train_list, y_train_post_list)
80      plt.plot(fpr_trn, tpr_trn,'k--',label='ROC for training
            data (AUC = %0.2f)' % roc_auc_trn, lw=2, linestyle="-")
81
82      fpr_tst, tpr_tst, thresholds_tst = roc_curve(y_test_list,
            y_test_post_list)
83      roc_auc_tst = roc_auc_score(y_test_list, y_test_post_list)
84      plt.plot(fpr_tst, tpr_tst, 'k--',label='ROC for test data
            (AUC = %0.2f)' % roc_auc_tst, lw=2, linestyle="--")
85
86      plt.xlim([-0.05, 1.05])
87      plt.ylim([-0.05, 1.05])
88      plt.xlabel('False Positive Rate')
89      plt.ylabel('True PositiveRate')
90      plt.title('Receiver operating characteristic example')
91      plt.legend(loc="lower right")
92
93      plt.show()
```

本示例使用的天气数据是虚拟的，数据很少，只有 14 个例子[①]。

- 数据数量：14。
- 特征数量：4（outlook{sunny, overcast, rainy}, temperature{hot, mild, cool}, humidity{high, normal}, windy{TRUE, FALSE}）。
- 类别数量：2（打高尔夫，不打高尔夫）。

在这里，特征名后面的大括号里写着该特征的取值。这个数据集是以 arff 格式写的。有一个用于科学计算的 Python 扩展模块叫 scipy，里面有 arff 格式的加载程序，这里就利用了它读取数据。

接着在第 16 行以后的代码中使用了 LabelEncoder()，将类别变量转换成数值。朴素贝叶斯分类器能够处理类别变量，然而 Python 并不能直接处理

[①] 本书中，weather.nominal.arff 数据使用的是Weka中的数据，把这些数据放到源代码 2.2 程序的同一文件夹下，就能执行程序。

类别变量。所以将特征 outlook 的 sunny、overcast、rainy 这三个取值转换成 0、1、2。这样一来，无序的 sunny、overcast、rainy 就被转换成了 0、1、2 这样有序的值。为此，第 37、38 行使用 OneHotEncoder() 进行转换，使 sunny 为(1,0,0)、overcast 为(0,1,0)、rainy 为(0,0,1)，像这样进行 3 位的任意一位为 1 的转换，叫作 **One-hot-encoding（独热编码）**。

本示例使用的数据只有 14 个例子，所以进行的是留一法交叉验证。它是把数据减去了一个进行学习，把其模型和减掉的那个数据作为测试数据应用，然后重复此操作，测试数据有多少个就重复多少次，并对所有测试据进行性能评价。

scikit-learn 中提供了用来进行留一法交叉验证的 LeaveOneOut() 类。第 48 行创建了 LeaveOneOut 类的实例。LeaveOneOut 类的函数 split 会返回训练数据和测试数据的索引列表。从第 49 行开始的循环中，对留一法交叉验证的训练数据（X_train）和测试数据（X_test）的各个集进行朴素贝叶斯分类器的学习和应用。

在第 59 行中，按照这次的数据，在 One-hot-encoding 之后，特征会有两个值（0 或 1），所以创建了伯努利贝叶斯分类器的 BernoulliNB 类的实例。除此之外，在 scikit-learn 中还提供了各特征假设正态分布的 GaussianNB 和假设多项式分布的 MultinomialNB 类。使用时需要根据数据的特征适当选择。

这里的第一个参数 alpha（≥0）是**平滑参数**。在朴素贝叶斯分类器中，似然度根据训练数据中各特征的出现概率进行评估，学习中未出现的特征其概率为 0。为了避免发生这种概率为 0 的情况，我们可以采取如下方法：用一个虚拟数据作为每个特征都会出现的数据，以增加计数（就像给所有特征都注水了一样）。第二个参数 class_prior 是类别的先验概率，用户指定时，范围是[0,1]，加起来是 1。第三个参数 fit_prior 可根据训练数据推算先验概率时，设为 True。

第 64、65 行，将拟合了训练数据的朴素贝叶斯分类器应用于训练数据和测试数据，计算出后验概率，并在第 68 和 69 行进行输出。此时没有进行分类，而是显示打高尔夫/不打高尔夫这两个类别对应的后验概率。执行后，显示结果如下：

```
Leave-one-out Cross-validation
True Label: [0.]
Posterior Probability: [[0.23182279 0.76817721]]
True Label: [0.]
```

```
Posterior Probability: [[0.31680441 0.68319559]]
True Label: [1.]
Posterior Probability:[[0.22966088 0.77033912]]
True Label: [1.]
Posterior Probability:[[0.25178437 0.74821563]]
True Label: [1.]
Posterior Probability:[[0.146278 0.853722]]
True Label: [0.]
Posterior Probability:[[0.13104574 0.86895426]]
True Label: [1.]
Posterior Probability:[[0.15926362 0.84073638]]
True Label: [0.]
Posterior Probability:[[0.19708986 0.80291014]]
True Label: [1.]
Posterior Probability:[[0.17648221 0.82351779]]
True Label: [1.]
Posterior Probability:[[0.147059 0.852941]]
True Label: [1.]
Posterior Probability:[[0.25072108 0.74927892]]
True Label: [1.]
Posterior Probability:[[0.27116125 0.72883875]]
True Label: [1.]
Posterior Probability:[[0.13250775 0.86749225]]
True Label: [0.]
Posterior Probability:[[0.23148232 0.76851768]]
```

　　True Label 是测试数据的正确答案类别，Posterior Probability 的两个输出分别对应类别 0 和类别 1 的后验概率。因为使用的是留一法交叉验证，数据有 14 个，所以它们有 14 份。按照最大后验概率分类后，如第一个测试数据 True Label 是类别 0，类别 1 的后验概率是 0.76817721，分类器就会把它分到类别 1 中，就变成了误分类。

　　最后，从第 78 行开始，通过 ROC（Receiver Operating Characteristic）曲线及其 AUC（Area Under Curve）进行评价。ROC 曲线是一种表示分类阈值发生变化时的 False Posive Rate 和 True Positive Rate 的图（见图 2.3）。由于 True Positive Rate 越高越好、False Positive Rate 越低越好，因此图的左上部分可以说在整个阈值范围内是一个好的分类器。ROC 曲线下面部分的面积就是 AUC，它是定量评价指标而不是通过眼睛进行评价，这个值是 0.5 就代表随机分类器，值越接近 1 就越是好分类器。此次的数据中，训练数据的 AUC 值高达 0.92，但测试数据的 AUC 值为 0.58，略好于随机推算。

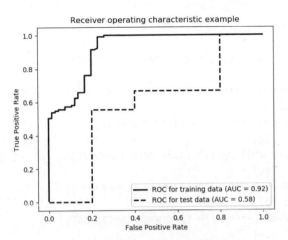

图 2.3　ROC 曲线的性能评价

　　综上所述，朴素贝叶斯分类器是一种通过假设每个特征量的独立性使计算变得容易，并根据后验概率输出其类别的概率值的分类器。

　　另外，还有一种更具发展性的贝叶斯学习框架，与其他的分类器不同，它能够根据对象的特性进行单独建模，而这需要一定的数学方面的基础，因此本书没有作过多介绍。

2.3　逻辑回归

　　使用逻辑回归（Logistic Regression）的分类器是一种线性分类器，通过使用逻辑函数将特征量的加权线性和的输出值与后验概率相关联，并进行分类。如图 2.4（a）所示，把距识别边界的距离对应的后验概率作为输出值，因此虽然叫"回归"，但与朴素贝叶斯分类器一样，可以分类为后验概率最大化的类别。

　　在数学上

- 从识别边界面（超平面）到各个数据点的距离遵循正态分布。
- 类别数据的数量是均等的。

依据以上的假设，可以导出逻辑函数对后验概率的对应关系。

　　然后，在学习时定义训练数据对应模型的似然度，使负的对数似然度最小（似然度最大），通过最速下降法等使用梯度求出线性加权的权重参数的最优解。一般情况下，误差函数不只有一个极小值，所以经常用到使用了 mini-batch 的随机最速下降法。它随机地从训练数据中取出数十或数百个数据，利用这些数据计算梯度，进行权重参数的更新，再更换用于权重更新的数据，如此反复进行更新。这样做具有不易陷入局部解、减少一次更新所需的计算量、支持循序学习等优点。

用逻辑回归识别手写字符的示例如源代码 2.3 所示。

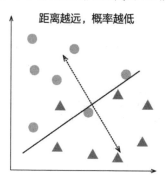

（a）后验概率的分配

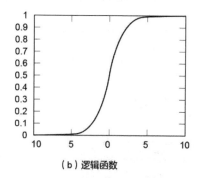

（b）逻辑函数

图 2.4　用逻辑回归进行的识别

源代码 2.3　使用逻辑回归识别手写字符

```
1    #### 使用逻辑回归识别手写字符
2    import os
3    import struct
4    import matplotlib.pyplot as plt
5    import numpy as np
6    import sys
7    from sklearn.linear_model import LogisticRegression
8
9    # MNIST 数据集的读取函数
```

```python
10   def load_mnist(path, kind='train'):
11
12       labels_path = os.path.join(path,'%s-labels-idx1-ubyte'% kind)
13       images_path = os.path.join(path,'%s-images-idx3-ubyte'% kind)
14
15       with open(labels_path, 'rb') as lbpath:
16           magic, n = struct.unpack('>II',lbpath.read(8))
17           labels = np.fromfile(lbpath,dtype=np.uint8)
18
19       with open(images_path, 'rb') as imgpath:
20           magic, num, rows, cols = struct.unpack(">IIII",
                   imgpath.read(16))
21           images = np.fromfile(imgpath,dtype=np.uint8).
                   reshape(len(labels), 784)
22
23       return images, labels
24
25   # 读取 MNIST 数据集
26   current_path = os.path.dirname(os.path.realpath("__file__"))
27   X_train, y_train = load_mnist(current_path, kind='train')
28   X_test, y_test = load_mnist(current_path, kind='t10k')
29
30   # 前 1000 个数据用于学习，前 300 个数据用于测试
31   X_train = X_train[:1000][:]
32   y_train = y_train[:1000][:]
33   X_test = X_test[:300][:]
34   y_test = y_test[:300][:]
35   print('#data: %d, #feature: %d (training data)' % (X_train.
         shape[0], X_train.shape[1]))
36   print('#data: %d, #feature: %d (test data)' % (X_test.
         shape[0], X_test.shape[1]))
37
38   # 逻辑回归的实例的创建和学习
39   lr = LogisticRegression(penalty='l1', C=1000.0, random_state=0)
40   lr.fit(X_train, y_train)
41
42   # 计算训练数据和测试数据对应的 accuracy
43   y_train_pred = lr.predict(X_train)
44   acc = np.sum(y_train == y_train_pred, axis=0)*100 / X_train.shape[0]
45   print('accuracy for training data: %.2f%%' % acc)
46
47   y_test_pred = lr.predict(X_test)
48   acc = np.sum(y_test == y_test_pred, axis=0)*100 / X_test.shape[0]
```

```
49    print('accuracy for test data: %.2f%%' % acc)
50
51    # 绘制前 25 个样本的识别结果。t：正确答案类别，p：分类器推测的类别
52    orign_img = X_test[:25][:25]
53    true_lab = y_test[:25][:25]
54    predicted_lab = y_test_pred[:25][:25]
55
56    fig, ax = plt.subplots(nrows=5, ncols=5, sharex=True, sharey=True,)
57    ax = ax.flatten()
58    for i in range(25):
59        img = orign_img[i].reshape(28, 28)
60        ax[i].imshow(img, cmap='Greys', interpolation='nearest')
61        ax[i].set_title('%d t: %d p: %d' % (i+1, true_lab[i],
              predicted_lab[i]))
62
63    ax[0].set_xticks([])
64    ax[0].set_yticks([])
65    plt.show()
66
67    ## 保存逆正则化参数 c 变化时的 training 数据、test 数据对应的 accuracy，
68    ## 以及非零权重的数量
69    weights, params = [], []
70    n_nonzero_weights, accuracy_train, accuracy_test = [], [], []
71    for c in np.arange(-11, 11, dtype=np.float):
72        lr = LogisticRegression(penalty='l1', C=10**c, random_state=0)
73        lr.fit(X_train, y_train)
74        weights.append(lr.coef_[1])
75        n_nonzero_weights.append(np.count_nonzero(lr.coef_[1]))
76        params.append(10**c)
77        y_train_pred = lr.predict(X_train)
78        y_test_pred = lr.predict(X_test)
79        acc_train_temp = np.sum(y_train == y_train_pred, axis=0)
              *100 / X_train.shape[0]
80        acc_test_temp = np.sum(y_test == y_test_pred, axis=0)
              *100 / X_test.shape[0]
81        accuracy_train.append(acc_train_temp)
82        accuracy_test.append(acc_test_temp)
83
84    weights = np.array(weights)
85    n_nonzero_weights = np.array(n_nonzero_weights)
86
87    # 绘制图像中心附近两点的权重变化
88    plt.figure(2)
```

```
89   # Feature from pixel row 15, col 10
90   plt.plot(params, weights[:, 402],
91           label='Feature #402 (row 15, col 10)')
92   # Feature from pixel row 15, col 13
93   plt.plot(params, weights[:, 405], linestyle='--',
94           label='Feature #405 (row 15, col 13)')
95   plt.ylabel('weight coefficient')
96   plt.xlabel('C')
97   plt.legend(loc='upper left')
98   plt.xscale('log')
99   plt.show()
100
101  # 将保存的逆正则化参数 c 和 Accuracy 以及非零权重的数量绘制在图中
102  plt.figure(3)
103  accuracy_train = np.array(accuracy_train)
104  accuracy_test = np.array(accuracy_test)
105  plt.plot(params, accuracy_train[:],label='Training')
106  plt.plot(params, accuracy_test[:],label='Testing')
107  print(accuracy_train[:])
108  plt.ylabel('Accuracy')
109  plt.xlabel('C')
110  plt.legend(loc='upper left')
111  plt.xscale('log')
112
113  plt.figure(4)
114  plt.plot(params, n_nonzero_weights)
115  plt.ylabel('# non-zero weights')
116  plt.xlabel('C')
117  plt.xscale('log')
118  plt.show()
```

　　本示例使用手写字符识别的著名基准测试数据——MNIST 数据集。MNIST 数据集是一个包含数字 0~9 的手写字符的图像数据集。

- 数据的数量：训练数据 60 000 个，测试数据 10 000 个。
- 图像大小：28×28。

　　通常从图像提取一些特征，输入分类器中，这里为了简单化，将每个像素的亮度值作为矢量输入。

　　scikit-learn 没有提供 MNIST 数据集的加载，所以第 10~23 行另外使用了 load_mnist 函数读入。因为散发的图像数据是二进制格式的，所以采用这种形式进行读取。第 31~34 行，原始数据集中训练数据只用前 1 000 个，测试数据只用前 300 个。执行结果如下：

```
accuracy for training data: 100.00%
accuracy for test data: 83.33%
```

从执行结果可以看出，对训练数据能 100%识别，但是对测试数据的识别程度是 83.33%，这处于过拟合的状态。

第 39、40 行中，创建 LogisticRegression 类的实例进行逻辑回归，对训练数据进行拟合。第 43 行，使用经过学习的模型对训练数据进行类别分类。第 44 行计算正确率，如果不用 scikit-learn 的函数来写的话就是这样。对测试数据也是同样的操作。第 52～65 行，显示了前 25 个测试数据样本的图像、0～9 的正确答案类别（用 t 表示）和逻辑回归的识别结果（用 p 表示）。输出结果如图 2.5 所示。第一个样本无论是正确答案还是识别结果都是 7，因此是正确识别的，第二个样本把正确答案是 2 的数字错误地识别为 6。

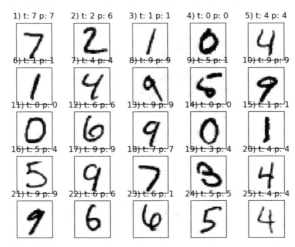

图 2.5　用逻辑回归识别 MNIST 数据集的 25 个样本的结果

众所周知，越是简单的模型，泛化能力越高。逻辑回归中模型的复杂程度是由各特征对应的权重参数决定的，所以对识别不重要的特征尽量采用权重小、精确高的识别模型，其泛化能力会比较高。因此，在表示识别训练数据优劣程度的损失函数中，经常会加上一个正则化项作为对权重参数的惩罚，通过取得二者的平衡来抑制过度拟合。

$$损失函数=与识别训练数据相关的误差项+\frac{1}{C}（正则化项）$$

在这里，C 以用户设置的参数来调整正则化项的强弱。在 scikit-learn 的实现中用倒数定义。作为常用的正则化，有 L2 正则化和 L1 正则化。L2 正则化以权重参数的平方和作为惩罚项，而 L1 正则化以绝对值之和作为惩罚项。虽然 L2 正则化更容易优化，但 L1 正则化由于其几何特征而具有权重容易为 0 的特性，因此 L1 正则化起到特征选择的作用。

正则化项的效果差别可以从如图 2.6 所示的几何角度解释。无论哪个图中右上的深色实线的等高线都表示误差项，从图中可以看出越接近这个中心，训练数据的识别率就越高。而灰色实线表示正则化项的等高线，L2 正则化因为是平方和，所以图形效果是圆形；L1 正则化因为是绝对值之和，所以图形是以轴上的点为顶点的正方形。

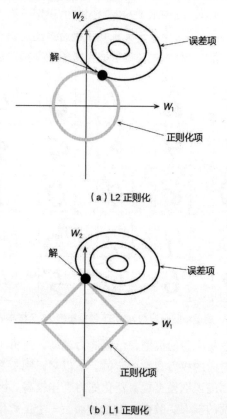

图 2.6　正则化效果的区别

损失函数的形式是如上所述的误差项与正则化项之和，因此这些交点就是函数的解。这样一来，对于 L1 正则化，w_1 值为 0，只有 w_2 有值。由 L1 正则化项的几何形状可知 L1 正则化具有权重容易为 0 的特性。

第 69 ~ 82 行，从 10^{-11} 到 10^{10} 以 10 的倍数改变正则化项的参数 C，计算正确率和非零权重参数的数量。例如，对类别 1 进行逻辑回归学习后的权重参数被存储于 LogisticRegression 类的 coef_[1]中（第 74 行）。在第 75 行，用 numpy 的 count_nonzero()计算非零权重参数的数量，并追加到 n_nonzero_weights 列表。

接下来的第 88 ~ 99 行中，使用刚才保存的结果，将图像中心附近的两个像素点(15,10)和(15,13)对应的权重变化画出图形，输出结果如图 2.7 所示。横轴是正则化项的参数 C，纵轴是对应两个像素点的权重的学习结果。C 对正则化项进行了倒数运算，因此 C 越小正则化的效果越明显。如果正则化效果太强，会导致图左侧所有的权重都变成 0。如果削弱正则化，在 100 附近的权重会达到最大，再削弱到几乎只有损失函数的情况时，权重就会稳定在一定范围中。

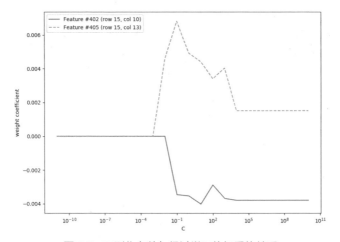

图 2.7　正则化参数与经过学习的权重的关系

在第 102 ~ 110 行，使用刚才的结果，将逆正则化参数与训练数据和测试数据对应的正确率的关系画出图形，输出结果如图 2.8 所示。如果正则化太强则只剩惩罚项，误差项就会被忽略，所以图左侧几乎不能识别。随着训练数据单调增加，$C=10^{-1}$ 以后变成 100%，而测试数据在 10^{-2} 时达到最大，之后就逐渐减少。图右侧的状态表示过拟合，其数据说明在 $C=10^{-2}$ 附近泛化能力最高。

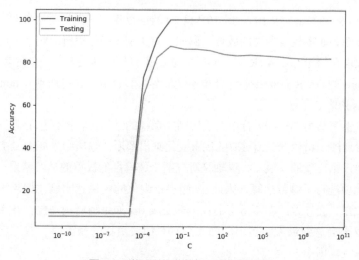

图 2.8　逆正则化参数与正确率的关系

　　最后的第 111 ~ 118 行，将逆正则化参数和非零权重的数量关系画出图形。输出结果如图 2.9 所示。如果正则化强度太大，在图的左侧非零权重的数量为 0（即所有的权重都为 0）。如果削弱正则化效果，则非零权重数量从 10^{-4} 附近开始激增，到 600 左右趋于稳定。像素数为 $28 \times 28 = 784$ 个，从图 2.5 中也可以看出，所有图像的边缘附近都是白色的，这与识别没有关系。哪怕正则化只有一点效果，这个像素对应的权重就会是 0，非零权重数最多也就是 600 左右。

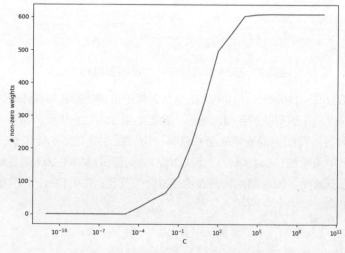

图 2.9　逆正则化参数与非零权重数的关系

使用逻辑回归的分类器是一种通过逻辑函数把线性分类函数分配给后验概率的分类器。如果线性很高，可以通过与 L1 正则化组合，做出一个可解释性强的分类器。

2.4 多层感知器

本节将介绍由**多层感知器**（Multilayer Perceptron，MLP）进行的识别，它也可以说是深度学习的前身。本节介绍的多层感知器是由输入层、隐藏层和输出层组成的标准前馈神经网络。图 2.10 所示是有 1 层隐藏层时的网络图。输入层和隐藏层、隐藏层和输出层之间都设置了全连接的权重参数，调整权重参数可以使输入和输出之间的损失函数减到最小。而没有隐藏层的神经网络被称为单纯感知器，它是一种线性分类器。我们知道，加了隐藏层，就能够近似于任意多项式。

输出层

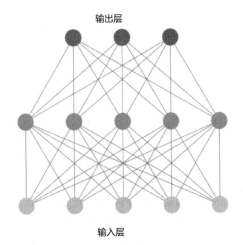

输入层

图 2.10　多层感知器的网络

由于隐藏层没有监督信息，输入层与隐藏层之间的权重学习将通过误差反向传播法[1]（反向传播），使来自输出层的误差做反向传播，从而进行学习。

源代码 2.4 所示的示例程序就是使用 MLP 识别 MNIST 数据集的手写字符。

---

[1] 有时也写成误差逆传播法。

```
1   #### 使用 MLP 识别手写字符
2   import os
3   import struct
4   import numpy as np
5   import matplotlib.pyplot as plt
6   from sklearn.decomposition import PCA
7   from sklearn.neural_network import MLPClassifier
8
9   # MNIST 数据集的读取函数
10  def load_mnist(path, kind='train'):
11
12      labels_path = os.path.join(path,'%s-labels-idx1- ubyte'% kind)
13      images_path = os.path.join(path,'%s-images-idx3- ubyte'% kind)
14
15      with open(labels_path, 'rb') as lbpath:
16          magic, n = struct.unpack('>II',lbpath.read(8))
17          labels = np.fromfile(lbpath,dtype=np.uint8)
18
19      with open(images_path, 'rb') as imgpath:
20          magic, num, rows, cols = struct.unpack(">IIII",
                  imgpath.read(16))
21          images = np.fromfile(imgpath,dtype=np.uint8).
                  reshape(len (labels), 784)
22
23      return images, labels
24
25  # 读取 MNIST 数据集
26  current_path = os.path.dirname(os.path.realpath("__file__"))
27  X_train, y_train = load_mnist(current_path, kind='train')
28  X_test, y_test = load_mnist(current_path, kind='t10k')
29
30  #训练数据和测试数据分别使用前 n_train_data 个和前 n_test_data 个
31  n_training_data = 5000
32  n_test_data = 5000
33
34  X_trn = X_train[:n_training_data][:]
35  y_trn = y_train[:n_training_data][:]
36  X_tst = X_test[:n_test_data][:]
37  y_tst = y_test[:n_test_data][:]
38
39  # PCA 维度压缩
```

```
40  n_components = 20
41  pca = PCA(n_components)
42  pca.fit(X_trn)
43  X_trn_pca = pca.transform(X_trn)
44  X_tst_pca = pca.transform(X_tst)
45
46  #创建 MLP 类的实例，拟合 PCA 维度压缩后的训练数据
47  nn = MLPClassifier(hidden_layer_sizes=(300, 200, 100),
        alpha=0.01, shuffle=False, random_state=1)
48  nn.fit(X_trn_pca, y_trn)
49
50  #输出层数
51  print('number of layers=%d' % nn.n_layers_)
52
53  # 计算 Accuracy
54  print('accuracy for training data: %.3f' % nn.score(X_trn_pca,
        y_trn))
55  print('accuracy for test data: %.3f' % nn.score(X_tst_pca,
        y_tst))
56
57  # 绘制损失函数值的图像
58  plt.figure(0)
59  plt.plot(range(len(nn.loss_curve_)), nn.loss_curve_)
60  plt.ylabel('Loss')
61  plt.xlabel('Epochs')
62  plt.tight_layout()
63
64  plt.show()
```

第 10 ~ 28 行，与逻辑回归用的代码相同，是读取 MNIST 数据集的部分。这里不是使用全部的数据，而是训练数据、测试数据各使用前 5 000 个（第 31 ~ 37 行）。在第 40 ~ 44 行中，通过**主成分分析**（Principal Component Analysis，PCA）进行维度压缩。主成分分析对协方差矩阵进行特征值分解，在比原来维度数更少的主成分（特征向量的方向）上做线性投影，从而进行维度压缩。通过压缩值变动小的无用维度，可以缩短 MLP 的学习时间，有时还会提高泛化能力。与 scikit-learn 其他模块的使用方法一样，首先用 fit() 求出主成分，再用 transform() 向主成分轴投影。这里的 n_components 表示主成分数。

第 47 ~ 48 行，创建多层感知器的实例，拟合训练数据。

如果浏览 scikit-learn 的 API 参考的 MLPClassifier 页面，会发现有很多

参数（选项）。在本示例中，hidden_layer_sizes 设置隐藏层数和节点数为 300 节点、200 节点、100 节点。scikit-learn 的多层感知器就是简单地增加层数。然而，根据误差反向传播法的学习，如果层数变多就会发生梯度消失的问题。增加层数时，通过**自编码器**（AutoEncoder）**或受限玻尔兹曼机**（Restricted Boltzmann Machine，RBM）等进行事前学习，将得到的权重作为初始值，然后用误差反向传播法进行有监督学习。参数 alpha 在 2.3 节中出现过，是 L2 正则化对应的系数项。这里就不是倒数了，而是 alpha 直接用于正则化项。

层数存储于变量 n_layers 中（第 51 行），在接下来的第 54、55 行中，使用 MLPClassifier 类中的 score()函数，输出训练数据和测试数据对应的正确率。执行结果如下：

```
number of layers=5
accuracy for training data: 0.997
accuracy for test data: 0.884
```

从第 58 行开始，loss_curve_中存储了每个迭代轮次（Epochs）的损失函数值，并将其绘制成图表。MLPClassifier()的小批量尺寸（mini-Batchsize）的默认值是 200，所以每次用 200 个训练数据来更新权重。当训练数据为 5 000 个时，25 次权重更新就把所有训练数据完成了一轮，这就叫 1 个迭代轮次。损失函数由 MLP 的输出与正确答案类别的误差项及其正则化项组成，损失函数值越小（对于训练数据），越接近目标结果（见图 2.11）。

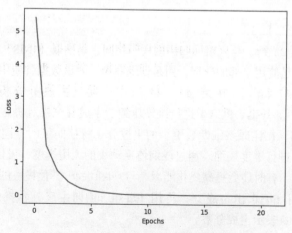

图 2.11　学习迭代与损失函数值的关系

多层感知器虽然不如近来流行的深度学习，但与其他的分类器相比，可设置的参数还是很多的。另外，由于其灵活性，如果调整得当，性能很容易表现出来，这也是它的特点。

2.5　支持向量机

本节将介绍与神经网络一起以非线性分类器闻名的**支持向量机**（Support Vector Machine，SVM）。SVM 是一个难以直观理解的分类器，其具有以下两个特点：

（1）间隔最大化形成的泛化标准。

（2）通过核方法进行非线性化。

如图 2.12 所示，将从识别边界面到最近的数据点的距离作为间隔，间隔最大的识别面泛化能力更好，**间隔最大化**就是基于此经验法则识别面的决策基准。这里面会涉及约束优化问题，但可以通过使用拉格朗日未定乘数法来解决。

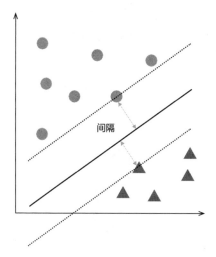

图 2.12　间隔最大化形成的泛化基准

核方法是一种通过将特征空间根据非线性映射函数 φ 映射到某些高维空间来提高线性分类可能性的方法。用映射函数 $\varphi(\cdot)$ 把数据点 x 替换成 $\varphi(x)$，将核函数定义为 $K(x \cdot x') = \varphi(x) \cdot \varphi(x')$。这样一来，在拉格朗日未定乘数法优化的目标函数的公式中，数据点 x 就只会以内积 x·x′ 的形式出现，因此就

算不知道 $\varphi(x)$，只要能计算核函数的值，数学上在映射后的空间中就达到了识别边界的优化。

在数学上，核矩阵（具体来讲就是以数据点数×数据点数的核函数的值作为分量的矩阵）如果满足了半正定性（特征值非负），就能证明存在某些映射函数，但具体的映射函数除了特别简单的核函数外尚不清楚。满足半正定性的典型核函数常用的有线性核函数、多项式核函数和 RBF 核函数。

如图 2.13（a）所示，在二维平面的内侧和外侧的圆圈上排列着数据点。用二次多项式核函数映射到三维后的效果如图 2.13（b）所示。在原来二维空间上不可能用直线把圆分为内侧和外侧，图 2.13（b）可以用平面来分。需要根据数据的分布选择合适的核函数及其关系参数，通过在多维空间上依间隔最大化基准进行线性判别，在原来的空间中就构成了非线性分类器。

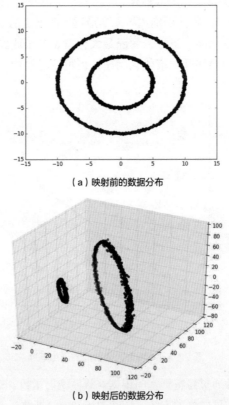

（a）映射前的数据分布

（b）映射后的数据分布

图 2.13 用核函数映射的例子

源代码 2.5 是用 SVM 识别乳腺癌诊断结果（Breast Cancer 数据集）的示

例程序。

源代码 2.5　使用 SVM 识别 Breast Cancer 数据集

```
1   #### 使用 SVM 识别 Breast Cancer 数据集
2   #### 通过嵌套交叉验证搜索最优参数
3   import numpy as np
4   from sklearn import svm
5   from sklearn.datasets import load_breast_cancer
6   from sklearn.model_selection import StratifiedKFold, GridSearchCV
7   from sklearn.preprocessing import StandardScaler
8
9   # 加载 Breast Cancer 数据集
10  df = load_breast_cancer()
11  X = df.data
12  y = df.target
13
14  # z 标准化
15  sc = StandardScaler()
16  sc.fit(X)
17  X = sc.transform(X)
18
19  #一个生成交叉验证用的数据实例，用于外循环
20  kfold = StratifiedKFold(n_splits=10, shuffle=True)
21
22  acc_trn_list = [] #存储外循环的每个 fold 的训练数据对应的 accuracy
23  acc_tst_list = [] #存储外循环的每个 fold 的测试数据对应的 accuracy
24
25  # 网格搜索的参数列表
26  # parameters 中可指定的变量请参见 scikit-learn 的 API reference
27  parameters = {'gamma':[0.01, 0.02, 0.05, 0.1, 0,2, 1.0],
        'degree':[1,2,3]}
28
29  # 内循环中进行网格搜索的交叉验证实例
30  gs = GridSearchCV(svm.SVC(kernel='poly'), parameters, cv=2)
31
32  k=0
33  # 内循环的网格搜索
34  for train_itr, test_itr in kfold.split(X, y):
35      gs.fit(X[train_itr], y[train_itr])
36      print('Fold #{:2d}; Best Parameter:{}, Accuracy on validation
            data: {:.3f}' .format(k+1,gs.best_params_,
```

```
          gs.best_score_))
37     acc_trn_list.append(gs.score(X[train_itr],y[train_itr]))
38     acc_tst_list.append(gs.score(X[test_itr],y[test_itr]))
39     k=k+1
40
41 # 显示外部交叉验证的平均正确率
42 print('Average accuracy on training data: {:.3f}'.
       format(np.mean(acc_trn_list)))
43 print('Average accuracy on test data: {:.3f}'.format(np.mean(
       acc_tst_list)))
```

这个数据集的基本统计信息如下。

- 数据数：569。
- 特征数：30（肿瘤的平均半径、平均面积等）。
- 类别：2（良性/恶性）。

Breast Cancer 数据集与 Iris 数据集一样包含在 scikit-learn 中，并且提供 load_breast_cancer()函数进行读取。与识别 Iris 数据集时一样，用.data 可以查看所有数据的特征量，用.target 可以查看类别标签。然后在第 15 ~ 17 行，对各个特征进行了平均值为 0、标准偏差为 1 的 z 标准化。

不只是 SVM，还有很多机器学习中需要用户指定的**超参数**。在 SVM 中还有核函数内的系数和常数项，以及选择核函数本身。就算调整超参数使得训练数据的正确率提高，但会对训练数据过拟合，这基本上对测试数据没什么用。另外，无法使用测试数据来调整超参数（虽然手头有测试数据的正确答案类别，因而能够执行调整，但这并不是公正的评价）。因此，需要进一步把训练数据分割成用于构建模型的训练数据和验证数据，用验证数据对应的正确答案类别调整超参数。然后再像本示例程序那样，进行**嵌套交叉验证**，在外循环进行一般交叉验证，使用内循环里的验证数据来调整超参数，这样就能评估对于训练数据的差异，超参数是否稳定。

第 20 行，创建外循环中的一般交叉验证 StratifiedKFold 类的实例。在这里，分层（Stratified）交叉验证是指使训练数据和测试数据的类别比例相同的分割方式。用 n_splits=10 把分割数设置成 10。第 27 行的 parameters 中准备了要搜索的超参数列表。第 30 行创建了在内循环中进行网格搜索的交叉验证 GridSearchCV 类的实例。其中 svm.SVC(kernel='poly') 把 SVC（Support Vector Classifification）类的实例作为参数进行传递。kernel='poly' 作为核函数指定了多项式核。传递给刚才准备的搜索参数列表 parameters，

分割数 cv 设置为 2 分割。多项式核是

$$K(\mathrm{x}, \mathrm{x'}) = (\gamma \mathrm{x} \cdot \mathrm{x'} + c)^p \qquad (2.4)$$

在本示例程序中，对多项式中的系数 γ（gamma）和次数 p（degree）进行搜索。

第 32～39 行执行内部交叉验证，用验证数据进行超参数的网格搜索。第 34 行的 kfold.split(X,y) 返回了外部交叉验证中的训练数据和测试数据的索引组合，把它们保存到 train_itr 和 test_itr 中，并对所有的 fold 进行 for 循环。

在第 35 行的 gs.fit(X[train_itr], y[train_itr]) 中，针对外循环的一个 fold 的训练数据，用 SVM 对 parameters 中的超参数的所有组合进行拟合，从而得到交叉验证的验证数据的评价。经过网格搜索评价，验证数据最优的参数列表被保存到 best_params_ 中，正确率被保存到 best_score_ 中（第 36 行）。第 42、43 行显示与外部交叉验证对应的平均正确率。

执行结果如下。对外部交叉验证的 10 个 fold，显示经内循环的网格搜索后得到的最优参数和验证数据的正确率。它下边是外部交叉验证的训练数据及测试数据的平均正确率。在 10 个 fold 样本的搜索范围内可以看到，线性方程中的系数 γ 在 0.05～0.1 之间比较好。

```
 Fold # 1; Best Parameter:'degree': 1, 'gamma':  0.1,  Accuracy on
 validation data: 0.971
 Fold # 2; Best Parameter:'degree': 1, 'gamma':  0.1,  Accuracy on
 validation data: 0.975
 Fold # 3; Best Parameter:'degree': 1, 'gamma':  0.05, Accuracy on
 validation data: 0.965
 Fold # 4; Best Parameter:'degree': 1, 'gamma':  0.05, Accuracy on
 validation data: 0.967
 Fold # 5; Best Parameter:'degree': 1, 'gamma':  0.05, Accuracy on
 validation data: 0.967
 Fold # 6; Best Parameter:'degree': 1, 'gamma':  0.1,  Accuracy on
 validation data: 0.971
 Fold # 7; Best Parameter:'degree': 1, 'gamma':  0.05, Accuracy on
 val dation data: 0.977
 Fold # 8; Best Parameter:'degree': 1, 'gamma':  1.0,  Accuracy on
 validation data: 0.981
 Fold # 9; Best Parameter:'degree': 1, 'gamma':  0.1,  Accuracy on
 validation data: 0.979
 Fold #10; Best Parameter:'degree': 1, 'gamma':  0.1, Accuracy on
 validation data: 0.967
```

```
Average accuracy on training data: 0.984
Average accuracy on test data: 0.974
```

支持向量机是一种由间隔最大化和核方法进行非线性化并组合的分类器，根据其公式化的性质，由识别边界附近的少数支持向量构成分类器。因此，只要边界附近的数据聚集在一起，即使数据较少也能发挥分类性能。不过，核函数及其超参数需要根据对象适当加以选择。

2.6 线性回归

本节介绍以输出值为目标的回归问题。这里举一个最简单的**线性回归**（Linear Regression）的例子。线性回归是将各特征量乘以加权系数加上常数项的总和与输出值相对应。权重学习的求解使得正确答案的输出值和通过回归公式计算出的估计值的平方误差最小化。回归的评价中经常用到正确答案的输出值和回归公式计算出的估计值的**平均平方误差**（Mean Squared Error，MSE），或者用正确答案输出值的方差进行归一化后的 MSE 决定系数。如果单纯用 MSE 进行评价，则当原本输出值的偏差幅度很大时，外观误差会变大。因此，要用决定系数来进行调整。此外，作为非线性的回归方法，还使用支持向量机的支持向量回归，它也在 scikit-learn 的 svm.SVR 中实现。

源代码 2.6 所示的是通过线性回归推测住宅价格的例子。

源代码 2.6　通过线性回归推测 Housing 数据住宅价格

```
1    #### 通过线性回归推测 Housing 数据住宅价格
2    import numpy as np
3    from sklearn.preprocessing import StandardScaler
4    from sklearn.linear_model import LinearRegression
5    from sklearn.datasets import load_boston
6    from sklearn.metrics import r2_score
7    from sklearn.model_selection import train_test_split
8    import matplotlib.pyplot as plt
9    from sbs import SBS
10
11   # 加载 Boston Housing 数据集
12   df = load_boston()
13   X = df.data
```

```
14   y = df.target
15   n_of_features = len(df.feature_names)
16   n_of_selected_features = 5 # 指定特征量选择的特征数（仅用于显示特征量名）
17
18   # z 标准化
19   sc = StandardScaler()
20   sc.fit(X)
21   X_std = sc.transform(X)
22
23   n_of_trials = 30 # 尝试次数
24   score_train_all = np.zeros(n_of_features) #用于存储每个子集的训练
         数据的得分
25   score_test_all = np.zeros(n_of_features)  #用于存储每个子集的测试
         数据的得分
26
27   # 本程序不是交叉验证，而是取在不同随机数状态下多次尝试的平均值
28   for k in range(0, n_of_trials):
29       X_train, X_test, y_train, y_test = train_test_split(X_std,
             y, test_size = 0.3, random_state = k)
30
31       lr = LinearRegression()
32       sbs = SBS(lr, k_features=1, scoring=r2_score, random_state = k)
33       sbs.fit(X_train, y_train)
34       selected_features = list(sbs.subsets_[n_of_features -
             n_of_selected_features])
35       print("Trial {:2d}; Best {} features: {}".format(k+1,
             n_of_selected_features, df.feature_names[selected_features]))
36
37       score_train = np.array([])
38       score_test = np.array([])
39
40       # 对 SBS 算法得到的各子集，拟合线性回归模型
41       # 计算训练数据、测试数据对应的决定系数
         # 保存到 score_train 和 score_test 中
42       trn_scores,tst_scores = [],[]
43       for s in range(0, n_of_features):
44           subset = sbs.subsets_[s]
45           X_train_sub = X_train[:, subset]
46           lr.fit(X_train_sub, y_train)
47           trn_score = lr.score(X_train sub, y_train)
48           tst_score = lr.score(X_test[:, subset], y_test)
49           trn_scores.append(trn_score)
```

```
50            tst_scores.append(tst_score)
51
52        score_train = np.array(trn_scores)
53        score_test  = np.array(tst_scores)
54
55        score_train_all += score_train
56        score_test_all += score_test
57
58    # 绘制 SBS 算法中选择的特征的子集和决定系数的图像
59    k_eat = [len(k) for k in sbs.subsets_]
60    plt.plot(k_feat, score_train_all/n_of_trials, marker='o',
             label="Training data")
61    plt.plot(k_feat, score_test_all/n_of_trials, marker='x',
             label="Test data")
62    plt.ylabel('R^2 score')
63    plt.xlabel('Number of features')
64    plt.legend(loc="lower right")
65    plt.grid()
66    plt.show()
```

Boston Housing 数据集是与波士顿房价相关的数据集。

- 数据数：506。
- 特征数：14（犯罪发生率、居住用地比例、商业用地比例等）。
- 目标值：住宅价格。

Boston Housing 数据集也附属于 scikit-learn，可以方便使用。使用方法与 Iris 数据集等一样，有一个叫 load_boston() 的读取函数，用.data 可以查看特征量，用.target 可以查看监督信息。在本示例程序中，使用**顺序后退法**（ SequentialBackward Selection ， SBS ）进 行 特 征 选 择。第 16 行 的 n_of_selected_features 指定了特征量的选择数。

本示例程序中展示的是没有用交叉验证而是打乱了训练数据和测试数据进行多次尝试后的结果。用 n_of_trials 指定了其尝试次数。第 28 ~ 56 行的 for 循环中取了 30 次尝试的平均值。训练数据和测试数据的分割用到了 train_test_split() 函数。通 过 在 for 循环中改变用于分割的随机数种子 random_state 来创建不同的训练数据/测试数据的数据集。本示例程序中测试数据的比例是 30%。

第 31 行创建了线性回归的 LinearRegression 类的实例。第 32 行以决定系数 r2_score 为指标创建了以顺序后退法进行特征选择的 SBS 类的实例。由于 scikit-learn 中没有实现 SBS 算法，因此导入了一个另行公开的实现算法。

第 33 行的 sbs.fit(X_train, y_train)，把训练数据进一步分割成用于构建线性回归模型的训练数据和验证数据，把验证数据对应的决定系数作为指标进行特征选择。这样可以考虑泛化能力进行特征选择。特征选择的过程被保存在 sbs.subsets_ 中。特征数为 4 时就是 ID(3,6,2,9)的特征，特征数为 3 时就是 ID(3,2,9)的特征，以逐一减少的列表形式进行保存。

从第 42 行开始，对 SBS 算法选出的特征的子集再次使用线性回归模型进行拟合，并计算出训练数据及测试数据对应的决定系数。将特征选择的过程保存在 sbs.subsets_ 中，所以在第 44 行中，按顺序取出特征的子集被保存在 subset 中，第 45 行用 X_train[:, subset]指定它们的 ID，并保存到 X_train_sub 中。使用这一部分特征集合，在第 46 行重新拟合线性回归模型，在第 47~48 行计算出训练数据和测试数据对应的决定系数。

从第 59 行以后，把上面算出的特征子集与决定系数的关系绘制成图表，结果如图 2.14 所示。由于使用顺序后退法进行特征选择，所以选择的过程是图上的从右向左，逐一去掉决定系数减少最小的特征。实际使用的特征数取决于应用方的想法，也可通过确定特征数的上限或决定系数的下限来选择特征，或者根据决定系数的减少率等因素来确定。

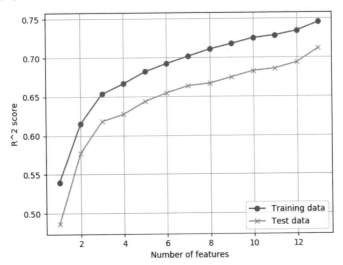

图 2.14　特征数与决定系数

本节将介绍深度学习（**Deep learning**）的 **Keras** 库的使用示例。Keras 是把 **TensorFlow**（谷歌公司提供的深度学习库）、**CNTK**（微软公司提供的深度学习库）和 **Theano**（数值计算库）封装起来的库。除此之外，深度学习的库还有 **Chainer** 或 **Caffe** 等各种库，但是笔者认为 Keras 是最容易上手的库。

在安装 Keras 的同时，还需要安装终端会用到的深度学习库（TensorFlow、CNTK 或 Theano）。它们都可以从 Anaconda Navigator 中进行安装。

深度学习提出了各式各样的网络构造，作为初期有代表性的构造，这里将介绍两个阶段学习的深度学习，分别是通过**AutoEncoder**（**自编码器**）实现的表现学习和使用多层感知器实现的分类器学习。

AutoEncoder 是把输入本身作为输出的、学习自映射的沙漏型前馈（前向传播）网络（见图2.15）。通过减少隐藏层的节点数使之少于输入的节点数，从而达到维度压缩的效果。首先，用 AutoEncoder 学习，使用经过学习后的网络，在最后一层添加对应类别的输出层，与普通的多层感知器一样通过误差反向传播法进行分类器的学习。

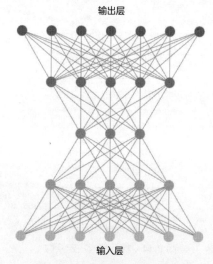

图 2.15　AutoEncoder 的网络

源代码 2.7 是使用 AutoEncoder 事先学习的深层神经网络（Deep Neural Network，DNN）的实现示例。

```
1    from keras.utils import np_utils
2    from keras.models import Sequential, Model
3    from keras.layers import Activation, Dense, Dropout, Input
4    from keras.optimizers import Adam
5    import matplotlib.pyplot as plt
6    import os, struct
7    import numpy as np
8
9    # ================================================================
10   # MNIST 数据集的读取函数
11   def load_mnist(path, kind='train'):
12
13       labels_path = os.path.join(path,'%s-labels-idx1-
                ubyte'% kind)
14       images_path = os.path.join(path,'%s-images-idx3-
                ubyte'% kind)
15
16       with open(labels_path, 'rb') as lbpath:
17           magic, n = struct.unpack('>II',lbpath.read(8))
18           labels = np.fromfile(lbpath,dtype=np.uint8)
19
20       with open(images_path, 'rb') as imgpath:
21           magic, num, rows, cols = struct.unpack(">IIII",
                    imgpath.read(16))
22           images = np.fromfile(imgpath,dtype=np.uint8).
                    reshape(len(labels), 784)
23
24       return images, labels
25
26   # 读取 MNIST 数据集
27   current_path = os.path.dirname(os.path.realpath(__file__))
28   X_train, y_train = load_mnist(current_path, kind='train')
29   X_test, y_test = load_mnist(current_path, kind='t10k')
30
31   # ================================================================
32   # 训练数据和测试数据使用前 n_training_data 和 n_test_data 个
33   n_training_data = 1000
34   n_test_data = 1000
35
36   X_trn = X_train[:n_training_data][:]
```

```
37   y_trn = y_train[:n_training_data]
38   X_tst = X_test[:n_test_data][:]
39   y_tst = y_test[:n_test_data]
40
41   #将值的范围转换为[0,1]
42   X_trn = X_trn.astype('float32')/255
43   X_tst = X_tst.astype('float32')/255
44
45   # 用 One-hot encoder 将类别标签转换为二进制
46   # 如: 1 -> [0,1,0,...,0], 2 -> [0,0,1,0,...]
47   y_trn = np_utils.to_categorical(y_trn)
48   y_tst = np_utils.to_categorical(y_tst)
49
50   #取得输入数据的维度数 (=784 像素)
51   n_dim = X_trn.shape[1]
52
53   # 输出类别数 (=10 个类别)
54   n_out = y_trn.shape[1]
55
56   # ============================================================
57   # 绘制学习历史的函数
58
59   # Accuracy 的历史的绘图
60   def plot_history_acc(rec):
61       plt.plot(rec.history['acc'],"o-",label="train")
62       plt.plot(rec.history['val_acc'],"o-",label="test")
63       plt.title('accuracy history')
64       plt.xlabel('epochs')
65       plt.ylabel('accuracy')
66       plt.legend(loc="lower right")
67       plt.show()
68
69   # 损失函数值的历史的绘图
70   def plot_history_loss(rec):
71       plt.plot(rec.history['loss'],"o-",label="train",)
72       plt.plot(rec.history['val_loss'],"o-",label="test")
73       plt.title('loss history')
74       plt.xlabel('epochs')
75       plt.ylabel('loss')
76       plt.legend(loc='upper right')
77       plt.show()
78
```

```
79  # ===========================================================
80  # 构建 AutoEncoder
81
82  ae = Sequential()
83  ae.add(Dense(500, input_dim = n_dim, activation='relu'))
84  ae.add(Dropout(0.2))
85  ae.add(Dense(250, activation='relu'))
86  ae.add(Dropout(0.5))
87  ae.add(Dense(125, activation='relu', name = 'encoder'))
88  ae.add(Dropout(0.5))
89  ae.add(Dense(250, activation='relu'))
90  ae.add(Dropout(0.5))
91  ae.add(Dense(500, activation='relu'))
92  ae.add(Dropout(0.5))
93  ae.add(Dense(n_dim, activation='relu'))
94
95  ae.compile(loss = 'mse', optimizer ='adam')
96  records_ae = ae.fit(X_trn, X_trn,
97                      epochs=250,
98                      batch_size=200,
99                      shuffle=True,
100                     validation_data=(X_tst, X_tst))
101
102 # 保存已学习权重
103 ae.save_weights('autoencoder.h5')
104 # 网络的概要
105 ae.summary()
106 # 损失函数值的历史的绘图
107 plot_history_loss(records_ae)
108
109 # ===========================================================
110 # 显示 AutoEncoder 重构的图像
111 def plot_reconstructed_images():
112     # 用 AutoEncoder 转换测试图像
113     decoded_imgs = ae.predict(X_tst)
114
115     n = 10 # 显示张数
116     plt.figure(figsize=(20, 4))
117     for i in range(n):
118     # 显示原始图像
119         ax = plt.subplot(2, n, i+1)
120         plt.imshow(X_tst[i].reshape(28, 28))
```

```
121         plt.gray()
122         ax.get_xaxis().set_visible(False)
123         ax.get_yaxis().set_visible(False)
124
125         # 显示重构图像
126         ax = plt.subplot(2, n, i+1+n)
127         plt.imshow(decoded_imgs[i].reshape(28, 28))
128         plt.gray()
129         ax.get_xaxis().set_visible(False)
130         ax.get_yaxis().set_visible(False)
131     plt.show()
132
133 # 调用函数与重构图像进行比较显示
134 plot_reconstructed_images()
135
136 # ===========================================================
137 # 用 AutoEncoder 的学习结果构成深层神经网络（DNN）
138
139 # 取得 AutoEncoder 的学习结果（Encoder 的已学习权重）
140 h = ae.get_layer('encoder').output
141 # 在最后一段添加 softmax 函数，softmax 的输出个数与类别个数相当
142 y = Dense(n_out, activation='softmax', name='predictions')(h)
143
144 dnn = Model(inputs=ae.inputs, outputs=y)
145 dnn.compile(optimizer='adam', loss='categorical_crossentropy',
        metrics=['accuracy'])
146
147 records_dnn = dnn.fit(X_trn, y_trn,
148                     epochs=50,
149                     batch_size=200,
150                     shuffle=True,
151                     validation_data=(X_tst, y_tst))
152
153 # 网络的概要
154 dnn.summary()
155 # 学习历史的绘图
156 plot_history_acc(records_dnn)
157 plot_history_loss(records_dnn)
158
159 # ===========================================================
160 # 不用 AutoEncoder 的 1 层隐藏层的多层感知器（MLP）
161
```

```
162 mlp = Sequential()
163 mlp.add(Dense(500, input_dim = n_dim, activation='sigmoid'))
164 mlp.add(Dense(n_out, activation='softmax'))
165 mlp.compile(loss = 'categorical_crossentropy',
        optimizer ='adam', metrics = ['accuracy'])
166
167 records_mlp = mlp.fit(X_trn, y_trn,
168                         epochs=100,
169                         batch_size=200,
170                         validation_data=(X_tst, y_tst))
171
172 # 网络的概要
173 mlp.summary()
174
175 # ================================================================
176 # 比较 Accuracy
177 loss_dnn, acc_dnn = dnn.evaluate(X_tst, y_tst, verbose=0)
178 loss_mlp, acc_mlp = mlp.evaluate(X_tst, y_tst, verbose=0)
179 print('===========')
180 print('Test accuracy (DNN):', acc_dnn)
181 print('Test accuracy (MLP):', acc_mlp)
182 print('===========')
```

这里用到了 MNIST 数据集, 不过对其进行了 Keras 特有的几个前处理。第 42、43 行把输入数据值的范围转换为[0,1]。接着在第 47、48 行, 将类别标签通过 One-hot encoding 转换成具有 0 或 1 的值的向量, 如类别 1 就是[0,1,0,0,0,0,0,0,0,0]。

第 60 ~ 77 行定义了一个绘制学习历史的函数用于之后调用。Keras 中保存了各学习迭代的损失函数的值和识别时的正确率(Accuracy), 可通过变量 history 查看。函数 fit()的返回值是 Histroy 对象, history 是 History 对象的变量。用['loss']可以查看训练数据对应的损失函数值, 用 ['val_loss'] 可以查看验证数据对应的损失函数值。在本示例中, 测试数据作为验证数据使用。

从第 82 行开始, 首先设置了一个 AutoEncoder 的网络构造。创建 Sequential 类的实例 ae, 使用 Sequential 类的 add 函数设置一个全连接的网络。其次, 用 Dense()在第 1 个参数中指定输出节点数, 在 input_dim 中定义具有指定输入节点数的全连接网络。因为输入层以外的输入节点数是可以推测的, 所以可以省略。然后使用 activation 设置激活函数, relu(Rectified Linear Unit, ReLU)是一个 h(x) = max(0, x)的非负函数。MLP 中使用的是

Sigmoid 函数，由于 ReLU 传播误差比 Sigmoid 函数更好，因此它经常被用作激活函数。为了抑制过拟合，经常使用 **Dropout**，它能够按一定比例设置不用于学习的节点。Dropout 可在 add 函数中设置 Dropout 率作为参数。Dropout 率推荐第 1 层为 20%，其他的隐藏层为 50%，本示例中也是采用同样的设置。这样 Sequential 类的网络结构就可以通过 add 函数把层卷积起来。输出层是自映射的，因此设置成与输入节点数相同。

然后，在第 95 行的 compile 中设置了损失函数（loss）和优化算法（optimizer）。在这里，损失函数是重构误差，所以设置为均方误差（mse），优化算法设置为 adam（Adaptive Moment Estimation，Adam）。Adam 是概率梯度下降法的一种，它用指数递减函数对过去的梯度取加权平均值。在近年的优化算法当中，Adam 总体性能表现不错。

第 96 行中，与 scikit-learn 一样用函数 fit() 进行学习。参数 epochs 是学习迭代数（重复次数），batch_size 是用于概率梯度下降法的 mini-batch 的数据数，shuffle 指定一轮 mini-batch 是否打乱数据，validation_data 指定验证数据。作为返回值返回的是 History 对象，用于之后显示学习历史。

已学习权重可以用函数 save_weights() 输出一个二进制格式的文件（第103 行）。在本示例中只是写出来，并没有使用它。接着第 105 行的函数 summary() 输出设置的网络概要。终端上显示图 2.16 的信息。从图上的信息中可以查看各层有多少节点、有多少参数（权重的数量）和 Dropout 的设置。我们看到，这里节点数的构成是 [input,500,250,125,250,500,784(=input)]，加权参数的总数是 1 098 909。

如前所述，Keras 的 History 对象中保存着学习历史数据。在第 107 行，通过调用 plot_history_loss() 函数获取刚才定义的损失函数值，画出图表。输出如图 2.17 所示。可以看出，随着学习的深入，损失函数的值，即 AutoEncoder 产生的重构误差会越来越小。本示例用了 250 个迭代后，学习就结束了，但如果继续学习，似乎还可以再减少一些重构误差。

从第 111 行开始的 plot_reconstructed_images() 是将原始图像和已完成学习的 AutoEncoder 的输出（重构图像）放在一起显示的函数。与 scikit-learn 一样，可以用 predict() 函数获得已学习的 AutoEncoder 的输出内容。在这里，显示了测试数据的前 10 张图像（见图 2.18）。上面是原始图像，下面是 AutoEncoder 生成的重构图像。虽然可以看出有一部分图像的数字看起来与原来的数字不一样，但大体上已经重构出来了。

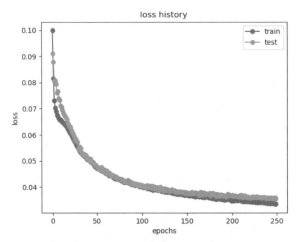

Layer (type)	Output Shape	Param #
dense_1 (Dense)	(None, 500)	392500
dropout_1 (Dropout)	(None, 500)	0
dense_2 (Dense)	(None, 250)	125250
dropout_2 (Dropout)	(None, 250)	0
encoder (Dense)	(None, 125)	31375
dropout_3 (Dropout)	(None, 125)	0
dense_3 (Dense)	(None, 250)	31500
dropout_4 (Dropout)	(None, 250)	0
dense_4 (Dense)	(None, 500)	125500
dropout_5 (Dropout)	(None, 500)	0
dense_5 (Dense)	(None, 784)	392784

Total params: 1,098,909
Trainable params: 1,098,909
Non-trainable params: 0

图 2.16　AutoEncoder 的网络构造概要

loss history

图 2.17　AutoEncoder 的学习历史的绘图

图 2.18　AutoEncoder 生成的重构图像

接下来，使用经过 AutoEncoder 学习的网络进行**深层神经网络**的学习。
第 140 行，用 get_layer('encoder').output 取得学习完的网络的权重。这里

'encoder'是用第 87 行的 add() 的参数命名的网络。因为层是卷积的，所以节点数是 [input,500,250,125]，提取了减少节点数进行维度压缩的部分。第 142 行，在此基础上有多少个类别就在最后一层添加多少个输出节点，因为是多类别分类，所以激活函数加了一个 softmax 函数中设置的全连接层。softmax 函数由式（2.5）给出，用指数函数将第 j 个输出节点的值规格化为概率值：

$$\text{softmax}(a_j) = \frac{\exp(a_j)}{\sum_k \exp(a_k)} \tag{2.5}$$

然后，Model() 指定输入和输出，compile() 指定优化算法、损失函数值和评价标准。为了多分类，设置交叉熵（categorical_crossentropy）作为损失函数。交叉熵对两个分布进行比较，计算"远近"程度。这里比较的是正确答案类别（如 [0,1,0,0,0,0,0,0,0,0]）与上述的 softmax 函数的输出值 10 个类别的分布。然后对所有数据计算出总和。

与 AntoEncoder 一样，只要调用 fit() 函数就能进行学习（第 147～151 行）。深层神经网络的网络构造如图 2.19 所示。从图中可以看到，AutoEncoder 的 Encoder 部分被继承，最后作为 predictions 增加了一个具有 10 个类别节点的输出层。

Layer (type)	Output Shape	Param #
dense_1_input (InputLayer)	(None, 784)	0
dense_1 (Dense)	(None, 500)	392500
dropout_1 (Dropout)	(None, 500)	0
dense_2 (Dense)	(None, 250)	125250
dropout_2 (Dropout)	(None, 250)	0
encoder (Dense)	(None, 125)	31375
predictions (Dense)	(None, 10)	1260

Total params: 550,385
Trainable params: 550,385
Non-trainable params: 0

图 2.19　用到 AutoEncoder 的已学习权重的深层神经网络构造概要

绘制学习历史图，如图 2.20（a）和图 2.20（b）所示。因为事先用 AutoEncoder 进行了学习，因此可以看出，仅用很少的迭代次数就收敛了。训练数据的损失函数值在减少，但测试数据的损失函数值在 20 个迭代以后有逐渐增加的趋势。虽然这表示有过拟合的倾向，但另一方面正确率却没有下降。这是因为交叉熵是用 softmax 函数的输出值进行评价的，而正确率是用 softmax 函数最大的类别分类的结果进行评价的。这表示虽然 softmax 函数的输出有一点差，但并没有达到影响分类结果的程度。不过在一般情况下，如果出现过拟合的倾向，建议最好停止学习。

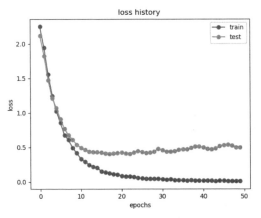

（a）损失函数值的学习历史

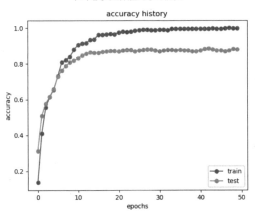

（b）Accuracy 的学习历史

图 2.20   深层神经网络的学习历史的绘图

最后，与只有 1 层不做事先学习的隐藏层的多层感知器（MLP）进行比较。与 AutoEncoder 一样，用 Sequential 类的 add 添加层。加上 DNN 的隐藏层第 1 层是 500 个节点，激活函数为 MLP 标准使用的 Sigmoid 函数。添加了输出层后，在 compile 中设置与 DNN 相同的损失函数等，并调用 fit() 函数执行学习。

执行结果如图 2.21 所示，从图中可以看到使用 DNN 分类后性能提高了。以上就是由 AutoEncoder 进行事前学习的深层神经网络的实现方法。

```
Test accuracy (DNN): 0.882
Test accuracy (MLP): 0.845
```

图 2.21　DNN 与 MLP 的 Accuracy 比较

这里没有介绍到的还有：如果是图像识别，**卷积神经网络**（Convolutional Neural Network，CNN）是很有名的。卷积（与图案过滤器匹配）和池化（考虑模糊引起的旋转、放大、缩小）层层叠加，在最后一层进行识别。如果是时间序列数据，Long-Short Term Memory（LSTM）是很有名的。两者都在 Keras 中实现了。

第 **3** 章

针对机器振动数据的异常检测

本章学习对机器振动数据的异常检测的应用案例。首先，就异常检测问题与之前介绍的分类问题的区别进行说明，并介绍 scikit-learn 中安装的三个典型的异常检测法的概略。然后，使用 Jupyter Notebook 展示一个异常检测的应用案例，假设旋转机械的滚动轴承受损，使用模拟试验数据进行异常检测。本章将展示以滚动轴承为对象的示例，它一般也广泛适用于机器工作声音的异常检测，而且特征向量化后的处理也适用于相当广泛的异常检测。

3.1 异常检测问题

异常检测问题基本上就是在无监督学习的任务中检测异常数据的问题。前提是，训练数据的大多数是正常数据，要么是完全没有异常数据，要么是即使有异常数据也只是少量。异常检测的基本思路是，在特征空间上正常数据是密集的，而异常数据则处于远离高密度部分的位置，如图 3.1 所示。

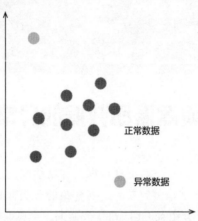

正常数据

异常数据

图 3.1 异常检测问题

然后，对各个数据点进行异常度评分，决定阈值，根据评分进行检测。异常度的评分使用训练数据对正常数据的范围进行建模，对距离正常数据远的点评估为异常度高。

异常数据的种类包括远离其他点的离群值检测，以及时间序列变化点检测和异常部位检测，它们在考虑时间序列时表现部分不同。本章介绍的振动数据的异常检测，虽然原始（raw）的振动数据是时间序列数据，但从中进行特征提取并用多维向量表现之后，就是特征空间内的离群值检测问题了。

3.2 异常检测的评价方法

如前所述，在通常情况下，相较于正常数据，异常数据极少，所以在评价时需要注意。在 2.1 节讲过，类别之间数据的数量有较大偏差时，需要用精度、重现率和 F 值进行评价。但是此时检测阈值必须定为一定的值，或者使用变更阈值时的 ROC 曲线（参见 2.2 节）及其下的面积 AUC 对所有阈值进行评价。通过绘制 ROC 曲线，在保持正常数据的错误检测率和异常数据的检测率平衡的前提下，对照目标应用程序的要求来决定检测阈值。

3.3 典型的异常检测法

本节将介绍 scikit-learn version 0.19 中实现的三种异常检测法。

1. Local Outlier Factor

Local Outlier Factor（局部离群因子，LOF）是一种根据数据密集程度对异常度进行评分的方法。假设正常数据在特征空间内是密集的，异常数据远离正常数据而稀疏存在。LOF 首先取一个测试数据点 k 邻域中的点 k，然后根据自身局部可达密度与 k 邻域中的所有样本点的局部可达密度均值之比（局部异常因子），对异常度进行评分。局部可达密度是根据目标数据点到邻域 k 点的平均距离的倒数来定义的。如果在该点的周围数据密集存在，那么平均距离就小，因此局部可达密度就大。

LOF 的示意图如图 3.2 所示。图中 k 邻域的 $k = 3$，从想要测试的数据点看，把虚线圆圈里面的 3 个点作为对象，再根据这 3 个点到其附近 3 个点的距离来计算平均密度。根据两者的密度之比对异常度进行评分。

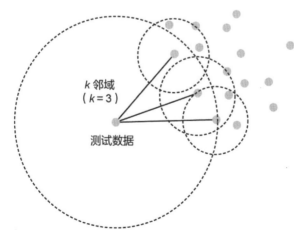

图 3.2　Local Outlier Factor 的概念图

2. One-Class SVM

作为二分类识别器，我们介绍过 SVM，其中有一种变形叫 One-Class SVM，它把正常数据视作 1 个类别，其能够识别正常数据和正常数据以外的数据。通常的 SVM 都是被公式化的，以便把识别超平面的距离最大化，但 One-Class SVM 可以求出尽可能多地包含（正常的）训练数据的超球面的半径和中心。One-Class SVM 还能通过核函数在映射的高维空间中求超球面，但它能在原始输入数据的空间中绘制出复杂的边界面。

One-Class SVM 的概念图如图 3.3 所示。图 3.3（a）假设在原始输入数据空间，正常数据（图中的深色球）在一定程度上固定存在，而异常数据（图中的浅色球）存在于离群位置。假设通过某个映射函数，如图 3.3（b）所示，把正常数据集中在一个地方，把异常数据转换到远离这个地方的位置。One-Class SVM 在该映射后的空间中求出超球面的最优中心坐标和半径。

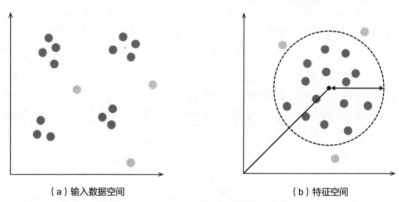

（a）输入数据空间 （b）特征空间

图 3.3 One-Class SVM 的概念图

3. Isolation Forest

Isolation Forest（iForest）基于"正常数据是密集的，所以很难在特征空间上被分割，而异常数据是离群孤立的，所以容易通过空间分割孤立出来"这一假设，随机选择特征量，随机选择分割点，反复多次，把孤立的难易度定量化后，将其视为异常度。

iForest 的概念图如图 3.4 所示。图 3.4（a）是以存在于密集部分的数据点（图中浅色球）作为对象时的情况，随机对特征空间进行分割，分割的期待值会一直变大，直到被分割成只有该数据点被包围为止。

如图 3.4（b）所示，当以离群孤立的数据点为对象时，凭直观就能理解分割次数的期望值会变小。

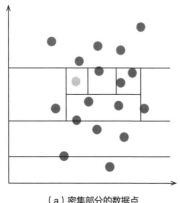
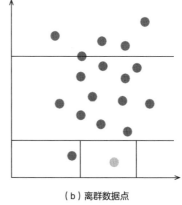

（a）密集部分的数据点　　　　　　　　（b）离群数据点

图 3.4　iForest 的概念图

3.4 机器异常检测的应用案例

本节以发动机、发电机等旋转机械的滚动轴承的损伤作为检测对象，说明滚动轴承损伤不仅影响旋转机械的精度和运转效率，甚至有可能对整个机器造成致命伤害，因此损伤的早期检测就成为重要的研究课题。以前是根据振幅或者某个统计量的平均值和标准偏差进行检测的（文献[20]、[19]等）。但出于早期检测出更加微小的损伤的必要性，近年来开始尝试通过机器学习检测异常（文献[23]、[18]等）。

设想一个通用电动泵的试验装置，概略图如图 3.5 所示。在试验轴承的轨道面设置一个假设有脱落的人工缺陷（见图 3.6），根据运转中的振动加速度来评价缺陷的检测精度。对于旋转轴，在水平、垂直、轴向这 3 个方向，以及作为备用在底座共 4 个地方安装了振动加速度传感器。

每个传感器通道按一定时间段剪切出振动加速度数据，对每个区间进行特征提取，并将特征向量化，然后再对每个数据点进行异常检测。训练数据采用无人工缺陷的正常轴承时的振动加速度数据，测试数据采用正常轴承的振动加速度数据和有人工缺陷的轴承的振动加速度数据混合而成。在这里会对提取特征后的数据点进行异常检测，因此混合不同轴承的数据作为测试数据进行评价测试是没有问题的。

正常数据和有人工缺陷的异常数据的振动加速度的示例如图 3.7 所示。

这种程度的微小人工缺陷，无法靠人耳来听振动音，而且基于统计量平均值与标准偏差的简单方法也几乎无法判别。

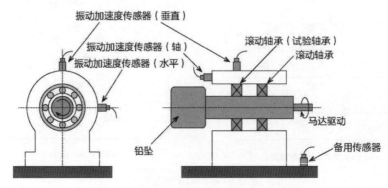

图 3.5　旋转机器的损伤试验装置的概略图

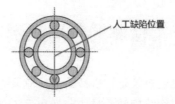

图 3.6　人工缺陷位置

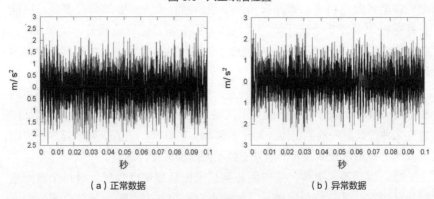

（a）正常数据　　　　　　　　　（b）异常数据

图 3.7　振动加速度数据的示例

3.5　特征提取

　　按一定的时间区间段分割振动加速度数据，对每个区间进行特征提取得到特征向量。采用经带通滤波器处理后的时域、频域、倒频域的有效值、最大值、波率、调制值、尖度、歪度作为特征量。在这里，调制值是包络处理后的有效值。3 种域 × 7 种带通滤波器 × 6 种统计量 × 4 处传感器一共 504 个维度。以此数据作为输入进行异常检测。

3.6 各种异常检测法的应用

在此，结合第 1 章中提到的 Jupyter Notebook 这一基于浏览器的运行环境的使用示例进行说明。

Jupyter Notebook 能够一部分一部分地按顺序执行代码，并与图表等显示相结合，非常适合机器学习系统的开发。请务必准备好计算机，一边看着实际的画面一边阅读本书。详细的使用方法请参见文献[16]等。Jupyter Notebook 所示的源代码在 3.8 节中进行了汇总。

3.6.1 异常检测的代码 1（图 3.8，源代码 3.1）

首先，使用 Python 的 glob 模块读取文件。预先在文件夹 data/train 中只放入正常数据。在这个文件中，以 CSV 格式保存着特征提取后的特征向量。CSV 格式文件的读取使用 pandas 的 read_csv()，在 x_train 中存储训练数据。然后，使用 StandardScaler() 将各特征量标准化为 z 分数。最后，确认显示训练数据的数据点数和特征数。本次训练数据的一定区间内的数据点数为 2926，是特征向量 504 个维度的数据。

```
In [1]:  import pandas as pd
         from sklearn.preprocessing import StandardScaler
         import glob
         import numpy as np

         # 读取文件
         files_normal = glob.glob('../data/train/*')

         # 读入CSV格式的文件，把训练数据全都保存到x_train
         x_train = pd.DataFrame([])
         for file_name in files_normal:
             csv = pd.read_csv(filepath_or_buffer=file_name)
             x_train = pd.concat([x_train, csv])

         # 用StandardScaler进行z标准化
         sc = StandardScaler()
         sc.fit(x_train)
         x_train_std = sc.transform(x_train)

         # 确认数据点数和特征数
         print("training data size: (#data points, #features) = (%d, %d)"% x_train.shape)

         training data size: (#data points, #features) = (2926, 504)
```

图 3.8　Juypter Notebook 的画面：异常检测的代码 1

3.6.2　异常检测的代码 2（图 3.9，源代码 3.2）

接下来，同样准备测试数据和验证数据。验证数据用于调整异常检测法的超参数。如果放在训练数据中调整超参数，则会对训练数据过拟合，所以需与训练数据分开另行准备。验证数据里也包含异常数据。虽然在示例程序中正常数据是与测试数据共用的，但正常数据最好分开使用才更公正。正确答案类别的标签是正常数据为 1、异常数据为−1，测试数据保存到 y_test_true、验证数据保存到 y_valid_true。正常数据 1463 点、异常数据 133 点、测试数据和验证数据各 1596 点。

```
In [2]: # 准备测试数据和验证数据（用于调整超参数的数据）
files_normal   = glob.glob('../data/test/Seg_D0*')
files_anomaly1 = glob.glob('../data/test/Seg_D2*_01_*A*')
files_anomaly2 = glob.glob('../data/test/Seg_D2*_01_*B*')

# 正常数据的标签为1，异常数据的标签为-1，将测试数据保存到y_test_true，验证数据保存到y_valid_true
x_test_normal, x_test_anomaly1, x_test_anomaly2, x_test, x_valid = pd.DataFrame([]), pd.DataFr
ame([]), pd.DataFrame([]), pd.DataFrame([]), pd.DataFrame([])
y_test_true, y_valid_true = [], []
for file_name in files_normal:
    csv = pd.read_csv(filepath_or_buffer=file_name)
    x_test_normal = pd.concat([x_test_normal, csv])
    for i in range(0,len(csv)):
        y_test_true.append(1)
        y_valid_true.append(1)
for file_name in files_anomaly1:
    csv = pd.read_csv(filepath_or_buffer=file_name)
    x_test_anomaly1 = pd.concat([x_test_anomaly1, csv])
    for i in range(0,len(csv)):
        y_test_true.append(-1)
for file_name in files_anomaly2:
    csv = pd.read_csv(filepath_or_buffer=file_name)
    x_test_anomaly2 = pd.concat([x_test_anomaly2, csv])
    for i in range(0,len(csv)):
        y_valid_true.append(-1)

# 把正常数据和异常数据组合起来准备测试数据x_test和验证数据x_valid，进行z标准化
x_test = pd.concat([x_test_normal, x_test_anomaly1])
x_valid = pd.concat([x_test_normal, x_test_anomaly2])
x_test_std = sc.transform(x_test)
x_valid_std = sc.transform(x_valid)

# 查看正常数据数、异常数据数（测试数据）、测试数据总数、验证数据总数
print("data size: (#normal data, #anomaly deata, #test total, #valid total) = (%d, %d, %d, %d)
"% (x_test_normal.shape[0], x_test_anomaly1.shape[0], x_test.shape[0], x_valid.shape[0]))

data size: (#normal data, #anomaly deata, #test total, #valid total) = (1463, 133, 1596, 1596
)
```

图 3.9　Juypter Notebook 的画面：异常检测的代码 2

3.6.3　异常检测的代码 3：LOF（图 3.10，源代码 3.3）

使用准备好的训练数据、验证数据、测试数据，用 LOF 进行异常检测并评价结果。LOF 与 k 近邻算法一样，近邻域数就是超参数，通过改变近邻域数就能得到对各近邻域的评价值。首先，创建 scikit-learn 的 LOF 的

LocalOutlierFactor()类的实例 lof，用 fit()函数拟合训练数据。参数 n_neighbors 为近邻域数，用 for 循环让它在 1～10 之间变化。对每个近邻域数的 LOF 使用验证数据，用另行定义的函数 validation()进行 F 值的评价。关于函数 validation()的介绍将在稍后说明（见图 3.19）。这里的第 2 个参数 lof._predict (x_valid_std)①返回的是一个二值标签，表示用作为异常度的阈值切断局部异常因子时的正常/异常。

```
In [10]: # Local Outlier Factor
         from sklearn.neighbors import LocalOutlierFactor

         # 改变LOF的近邻域数k，获取验证数据对应的F值
         idx, f_score = [], []
         for k in range(1,11):
             lof = LocalOutlierFactor(n_neighbors=k)
             lof.fit(x_train_std)
             f_score.append(validation(y_valid_true, lof._predict(x_valid_std)))
             idx.append(k)

         # 获取F值最大的近邻域数k，重新拟合LOF
         plot_fscore_graph('n_neighbors', idx, f_score)
         best_k = np.argmax(f_score)+1
         lof = LocalOutlierFactor(n_neighbors=best_k)
         lof.fit(x_train_std)

         # 使用最优的近邻域数，显示测试数据的结果
         print("--------------------")
         print("Local Outlier Factor result (n_neighbors=%d)" % best_k)
         print("--------------------")
         print_precision_recall_fscore(y_test_true, lof._predict(x_test_std))
         print("--------------------")
         print_roc_curve(y_test_true, lof._decision_function(x_test_std))
```

图 3.10　Juypter Notebook 的画面：异常检测的代码 3

后面的 plot_fscore_graph()是绘制另行定义的近邻域数与 F 值的关系图的函数（后述，见图 3.20）。然后，用 numpy 的 argmax()取得 F 值最大的索引，由于索引是从 0 开始的，为了与近邻域数统一而加 1，作为最优近邻域数保存到 best_k 中。再使用 best_k 对训练数据重新拟合 LOF。

最后的 print_precision_recall fscore()函数，显示另行定义的平均精度、平均重现率、平均 F 值及混淆矩阵，print_roc_curve()是绘制 ROC 曲线的函数，用于显示测试数据的结果（后述，见图 3.17 和图 3.18）。

异常检测的代码 3 的输出结果如图 3.11 所示。第一个图是改变近邻域数时的验证数据的 F 值的图，F 值在近邻域数为 8 时达到峰值。

第二个图是让近邻域数 8 的 LOF 重新拟合后，测试数据对应的正常侧和异常侧的平均精度、平均重现率、平均 F 值，以及在混淆矩阵中行方向上

---

① 取得异常度分数可以使用predict()函数，但与One-Class SVM和iForest不同，LOF的函数predict()是内部化的，需要在函数名称前面添加下划线（scikit-learn version 0.19）。decision_function() 也是如此。

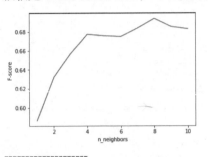

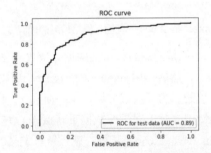

LOF 的判断结果和列方向上正确答案类别（0：异常，1：正常）的数量。LOF 把 133 个异常数据点中的 92 个点判断为异常，把 144 个正常数据点错误地判断为异常。这个结果是基于异常度的得分用某个值截取的结果，所以对阈值全域的评价要看 ROC 曲线及其下部面积 AUC 的值。横轴是 False Positive Rate，纵轴是 True Positive Rate，可以说曲线图越往左上结果越好。

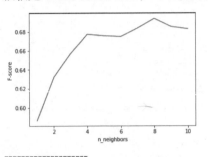

```
-------------------------------------
Local Outlier Factor result (n_neighbors=8)
-------------------------------------
Ave. Precision 0.6798, Ave. Recall 0.7967, Ave. F-score 0.7166
Confusion Matrix
      anomaly   normal
0      92        41
1      144       1319
-------------------------------------
```

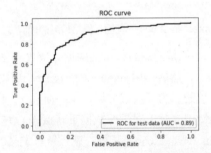

图 3.11　异常检测的代码 3 的输出结果

3.6.4　异常检测的代码 4：One-Class SVM（图 3.12，源代码 3.4）

接下来应用 One-Class SVM（OCSVM）来看一下。基本与 LOF 一样，但 OCSVM 和 SVM 一样有很多核函数的超参数，所以代码很长。首先创建最开始要搜索的超参数的列表。gamma 是 RBF 核、多项式核、Sigmoid 核所用系数的参数；coef 0 是多项式核、Sigmoid 核所用常数项的参数；degree 是只有多项式核用到的阶参数。详见 scikit-learn API 参考中的 OneClassSVM 网页。

当有多个参数时，用 itertools 的函数 product()创建参数列表中所有值的组合。由于组合会耗费一些执行时间，所以示例程序在兼顾数据量和计算资源的情况下，搜索的参数用得较少。除非有充足的计算资源，否则从实际应用来讲，一开始先进行粗略的搜索，确定目标范围，然后再慢慢进行细致的搜索比较好。

```
In [9]:  # One-class SVM
         from sklearn.svm import OneClassSVM
         import itertools

         # 要搜索的超参数列表
         gamma = [0.001, 0.005, 0.01]
         coef0 = [0.1, 1.0, 5.0]
         degree = [1, 2, 3]

         # 改变RBF核的带宽γ，获取验证数据的F值
         idx, f_score = [], []
         for r in gamma:
             ocsvm_rbf = OneClassSVM(kernel='rbf', gamma=r)
             ocsvm_rbf.fit(x_train_std)
             f_score.append(validation(y_valid_true, ocsvm_rbf.predict(x_valid_std)))

         # 获取F值最大的带宽γ，重新拟合One-Class SVM(RBF核)
         plot_fscore_graph('gamma', gamma, f_score)
         best_rbf_gamma = gamma[np.argmax(f_score)]
         print("RBF kernel(best); gamma:%2.4f, f-score:%.4f"% (best_rbf_gamma, np.max(f_score)))
         ocsvm_rbf = OneClassSVM(kernel='rbf', gamma=best_rbf_gamma)
         ocsvm_rbf.fit(x_train_std)

         # 改变多项式核的参数（次数D,系数γ,常数项c），获取验证数据的F值
         idx, f_score = [],[]
         for d, r, c in itertools.product(degree, gamma, coef0):
             ocsvm_poly = OneClassSVM(kernel='poly', degree=d, gamma=r, coef0=c)
             ocsvm_poly.fit(x_train_std)
             f_score.append(validation(y_valid_true, ocsvm_poly.predict(x_valid_std)))
             idx.append([d,r,c])

         # 获取F值最大的参数的组合，重新拟合One-Class SVM(多项式核)
         best_idx = idx[np.argmax(f_score)]
         print("Polynomial kernel(best); degree:%ld, gamma:%.4f, coef0:%3.2f, f-score:%.4f" % (best_idx
         [0], best_idx[1], best_idx[2], np.max(f_score)))
         ocsvm_poly = OneClassSVM(kernel='poly', degree=best_idx[0], gamma=best_idx[1], coef0=best_idx[
         2])
         ocsvm_poly.fit(x_train_std)

         # 改变Sigmoid核的系数γ，获取验证数据的F值
         idx, f_score = [],[]
         for r, c in itertools.product(gamma, coef0):
             ocsvm_smd = OneClassSVM(kernel='sigmoid', gamma=r, coef0=c)
             ocsvm_smd.fit(x_train_std)
             f_score.append(validation(y_valid_true, ocsvm_smd.predict(x_valid_std)))
             idx.append([r,c])

         # 获取F值最大的系数γ，重新拟合One-Class SVM(Sigmoid核)
         best_idx = idx[np.argmax(f_score)]
         print("Sigmoid kernel(best); gamma:%.4f, coef0:%2.2f, f-score:%.4f" % (best_idx[0], best_idx[1
         ], np.max(f_score)))
         ocsvm_smd = OneClassSVM(kernel='sigmoid', gamma=best_idx[0], coef0=best_idx[1])
         ocsvm_smd.fit(x_train_std)

         # 显示使用了最优参数的RBF核、多项式核、Sigmoid核的测试数据的结果
         print("--------------------")
         print("One-Class SVM result")
         print("--------------------")
         print("rbf kernel")
         print_precision_recall_fscore(y_test_true, ocsvm_rbf.predict(x_test_std))
         print("--------------------")
         print("polynomial kernel")
         print_precision_recall_fscore(y_test_true, ocsvm_poly.predict(x_test_std))
         print("--------------------")
         print("sigmoid kernel")
         print_precision_recall_fscore(y_test_true, ocsvm_smd.predict(x_test_std))
         print("--------------------")
         print_roc_curve_svm(y_test_true, ocsvm_rbf.decision_function(x_test_std), ocsvm_poly.decision_
         function(x_test_std), ocsvm_smd.decision_function(x_test_std))
```

图 3.12　Jupyter Notebook 的画面：异常检测的代码 4

异常检测的代码 4 的输出结果如图 3.13 所示。第一个曲线图是在 RBF 核中改变 gamma 时的 F 值的曲线图，在 gamma=0.005 处达到峰值。第一个曲线图下面分别是 RBF 核、多项式核、Sigmoid 核重新拟合最优参数后的测试数据对应的 F 值和混淆矩阵。其中 RBF 核有最好的 F 值，但几乎有一半把正常数据错判为异常的数量，因此作为值来讲是很低的。

第二个曲线图画的是三个核函数对应的 ROC 曲线。从 ROC 曲线和 AUC 的值来看，RBF 核最好，而多项式核和 Sigmoid 核在所设置的搜索参数的范围内的结果几乎与随机判断的结果没有差别。

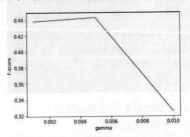

```
RBF kernel(best); gamma:0.0050, f-score:0.4426
Polynomial kernel(best); degree:2, gamma:0.0100, coef0:5.00, f-score:0.4079
Sigmoid kernel(best); gamma:0.0050, coef0:5.00, f-score:0.3695
--------------------
One-Class SVM result
--------------------
rbf kernel
Ave. Precision 0.5596, Ave. Recall 0.6934, Ave. F-score 0.4437
Confusion Matrix
    anomaly  normal
0      120      13
1      754     709
--------------------
polynomial kernel
Ave. Precision 0.5058, Ave. Recall 0.5191, Ave. F-score 0.4056
Confusion Matrix
    anomaly  normal
0       70      63
1      714     749
--------------------
sigmoid kernel
Ave. Precision 0.4890, Ave. Recall 0.4641, Ave. F-score 0.3751
Confusion Matrix
    anomaly  normal
0       60      73
1      765     698
--------------------
```

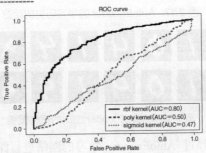

图 3.13　异常检测的代码 4 的输出结果（部分绘图）

3.6.5 异常检测的代码 5：Isolation Forest（图 3.14，源代码 3.5）

和 LOF、OCSVM 一样，应用 Isolation Forest（iForest）来看一下。由于要集成的树的数量是超参数，所以在 estimators_params 中创建搜索列表，以寻找验证数据中最好的集成数。结果如图 3.15 所示。

```
In [11]:   # IsolationForest (iForest)
           from sklearn.ensemble import IsolationForest

           # 要搜索的超参数的列表
           estimators_params = [50, 100, 150, 200]

           # 改变要集成的数量n_estimators，获取验证数据的F值
           idx, f_score = [], []
           for k in estimators_params:
               IF = IsolationForest(n_estimators=k, random_state=2)
               IF.fit(x_train_std)
               f_score.append(validation(y_valid_true, IF.predict(x_valid_std)))
               idx.append(k)

           # 获取F值最大的集成数，重新拟合iForest
           plot_fscore_graph('n_estimators', idx, f_score)
           best_k = idx[np.argmax(f_score)]
           IF = IsolationForest(n_estimators=best_k, random_state=2)
           IF.fit(x_train_std)

           # 使用最优集成数，显示测试数据的结果
           print("----------------------")
           print("IsolationForest result (n_estimators=%d)" % best_k)
           print("----------------------")
           print_precision_recall_fscore(y_test_true, IF.predict(x_test_std))
           print("----------------------")
           print_roc_curve(y_test_true, IF.decision_function(x_test_std))
```

图 3.14　Jupyter Notebook 的画面：异常检测的代码 5

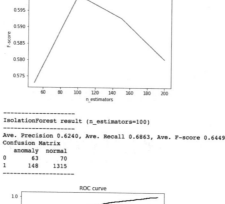

```
----------------------
IsolationForest result (n_estimators=100)
----------------------
Ave. Precision 0.6240, Ave. Recall 0.6863, Ave. F-score 0.6449
Confusion Matrix
     anomaly  normal
0        63      70
1       148    1315
----------------------
```

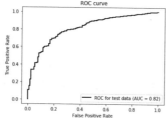

图 3.15　Jupyter Notebook 的画面：异常检测的代码 5 的输出结果

第一个曲线图是改变集成数时的 F 值的曲线图，在这个搜索范围中，n_estimators=100 时达到峰值。第二个曲线图与之前一样，是重新拟合最优参数的测试数据的 F 值、混淆矩阵及 ROC 曲线。

3.6.6 异常检测的代码6：分别比较（图3.16，源代码3.6）

最后比较调整参数后的 LOF、OCSVM、iForest（见图 3.16）。LOF 在 AUC=0.89 是最好的，iForest 是 0.82，比 OCSVM 的 0.80 稍好一点。

当在整个特征空间中存在相同形状的分布时，OCSVM 可以处理得很好，但是当正常数据中呈多样化分布时，很难用一个核函数来表现整个空间。当出现极端的情况时，比如由几个多变量正态分布构成的时候，它会运行得很顺利。

iForest 是随机进行特征选择和分割后进行集成的，像现在这样维度数比较高的数据，其组合数非常庞大，很难顺畅运行。

LOF 是一种基于近邻域算法的方法，所以在有相应样本数的情况下可以绘制出复杂的边界面。可以解释为适用于正常数据中也具有多样性的旋转机械的振动加速度数据。LOF 只用一个近邻数的参数就能表现出良好的性能，但该方法不建立模型，所以在测试时也是一种计算成本较高的方法。

这次什么都没有考虑，把特征量全都用上了，但是通过筛选有效的特征量，再加上有效的候选特征量等，性能还是有提升的余地的（文献 [24]）。

In [10]:
```
# 显示LOF、SVM、iForest的所有ROC曲线
print_roc_curve_all(y_test_true, lof._decision_function(x_test_std), ocsvm_rbf.decision_functi
on(x_test_std), IF.decision_function(x_test_std))
```

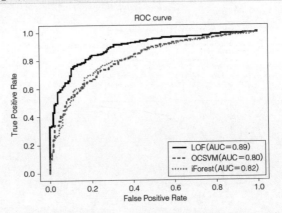

图 3.16 Jupyter Notebook 的画面：异常检测的代码 6 与输出结果（部分绘图）

3.6.7 另行定义的函数

在异常检测的代码 3 中跳过说明的另行定义的函数，如图 3.17 ~ 图 3.20 所示。图 3.17 使用 scikit-learn 的 precision_recall_fscore_support()，输出正常侧和异常侧的精度、重现率和 F 值的平均值。另外，还使用 scikit-learn 的 confusion_matrix() 求出了混淆矩阵，在 Jupyter Notebook 中，用 pandas 的 DataFrame 格式输出，就能画出表格。

```
In [6]: from sklearn.metrics import precision_recall_fscore_support,confusion_matrix

         # 显示平均精度、平均重现率、平均F值及混淆矩阵的函数
         def print_precision_recall_fscore(y_true, y_pred):
             prec_rec_f = precision_recall_fscore_support(y_true, y_pred)
             print("Ave. Precision %.4f, Ave. Recall %.4f, Ave. F-score %.4f"% (np.average(prec_rec_f[0
         ]), np.average(prec_rec_f[1]), np.average(prec_rec_f[2])))
             print("Confusion Matrix")
             df = pd.DataFrame(confusion_matrix(y_true, y_pred))
             df.columns = [u'anomaly', u'normal']
             print(df)
```

图 3.17　显示平均精度、平均重现率、平均 F 值及混淆矩阵的函数

图 3.18 所示是一个通过接收正确答案标签列表和异常检测器的输出值来绘制 ROC 曲线的函数（在 scikit-learn 中是 decision_function）。

```
In [5]: from sklearn.metrics import roc_curve, roc_auc_score
         import matplotlib.pyplot as plt

         def plot(plt):
             plt.xlim([-0.05, 1.05])
             plt.ylim([-0.05, 1.05])
             plt.xlabel('False Positive Rate')
             plt.ylabel('True Positive Rate')
             plt.title('ROC curve')
             plt.legend(loc="lower right")

             plt.show()

         # 该函数接收正确答案标签（y_true）和识别函数的输出值（decision_function），绘制ROC曲线
         def print_roc_curve(y_true, decision_function):
             fpr, tpr, thresholds = roc_curve(y_true, decision_function, pos_label=1)
             roc_auc = roc_auc_score(y_true, decision_function)
             plt.plot(fpr, tpr, 'k--',label='ROC for test data (AUC = %0.2f)' % roc_auc, lw=2, linestyl
         e="-")

             plot(plt)

         # 同样是绘制ROC曲线的函数（用于SVM的核比较）
         def print_roc_curve_svm(y_true, decision_function_rbf, decision_function_poly, decision_functi
         on_smd):
             fpr, tpr, thresholds = roc_curve(y_true, decision_function_rbf, pos_label=1)
             roc_auc = roc_auc_score(y_true, decision_function_rbf)
             plt.plot(fpr, tpr, 'k--',label='rbf kernel (AUC = %0.2f)' % roc_auc, lw=2, linestyle="-",
         color="r")

             fpr, tpr, thresholds = roc_curve(y_true, decision_function_poly, pos_label=1)
             roc_auc = roc_auc_score(y_true, decision_function_poly)
             plt.plot(fpr, tpr, 'k--',label='poly kernel (AUC = %0.2f)' % roc_auc, lw=2, linestyle="-",
         color="g")
```

图 3.18　绘制 ROC 曲线的函数

```
fpr, tpr, thresholds = roc_curve(y_true, decision_function_smd, pos_label=1)
roc_auc = roc_auc_score(y_true, decision_function_smd)
plt.plot(fpr, tpr, 'k--',label='sigmoid kernel (AUC = %0.2f)' % roc_auc, lw=2, linestyle="
-", color="b")

    plot(plt)

# 同样是绘制ROC曲线的函数（用于分类器比较）
def print_roc_curve_all(y_true, decision_function_lof, decision_function_ocsvm, decision_funct
ion_iForest):
    fpr, tpr, thresholds = roc_curve(y_true, decision_function_lof, pos_label=1)
    roc_auc = roc_auc_score(y_true, decision_function_lof)
    plt.plot(fpr, tpr, 'k--',label='LOF (AUC = %0.2f)' % roc_auc, lw=2, linestyle="-", color="
r")

    fpr, tpr, thresholds = roc_curve(y_true, decision_function_ocsvm, pos_label=1)
    roc_auc = roc_auc_score(y_true, decision_function_ocsvm)
    plt.plot(fpr, tpr, 'k--',label='OCSVM (AUC = %0.2f)' % roc_auc, lw=2, linestyle="-", color
="g")

    fpr, tpr, thresholds = roc_curve(y_true, decision_function_iForest, pos_label=1)
    roc_auc = roc_auc_score(y_true, decision_function_iForest)
    plt.plot(fpr, tpr, 'k--',label='iForest (AUC = %0.2f)' % roc_auc, lw=2, linestyle="-", col
or="b")

    plot(plt)
```

图 3.18（续）

在本示例中为了便于理解，分成了 SVM 的核比较、分类器比较等，还有追加写入同一图表的方法。

图 3.19 是返回验证数据的平均 F 值的函数。用到的函数与之前一样，只是把 F 值作为返回值返回。

```
In [4]:  from sklearn.metrics import precision_recall_fscore_support

    # 返回正常类别和异常类别的平均F值的函数
    def validation(y_valid_true, y_valid_pred):
        prec_rec_f = precision_recall_fscore_support(y_valid_true, y_valid_pred)
        return np.average(prec_rec_f[2])
```

图 3.19　返回平均 F 值的函数

图 3.20 是绘制某个参数对应的 F 值图表的函数。

```
In [3]:  import matplotlib.pyplot as plt

    # 用于绘制改变超参数（idx_name）时的F值图表的函数
    def plot_fscore_graph(idx_name, idx, f_score):
        plt.plot(idx, f_score)
        plt.xlabel(idx_name)
        plt.ylabel('F-score')
        plt.show()
```

图 3.20　绘制 F 值图表的函数

3.7　总结

本章介绍了对旋转机械的振动数据检测异常的应用示例。除了特征提取部分以外，其他部分并不限于振动数据，因此，对用特征向量表现的数

据的异常检测方面是广泛共通的。类似这样最近在 scikit-learn 中实现了多种
异常检测法，所以很容易进行比较研究。

3.8 本章所用源代码一览

源代码 3.1 异常检测的代码 1

```
1   import pandas as pd
2   from sklearn.preprocessing import StandardScaler
3   import glob
4   import numpy as np
5
6   # 读取文件
7   files_normal = glob.glob('../data/train/*')
8
9   # 读取 CSV 格式的文件，将训练数据全部保存到 x_train
10  x_train = pd.DataFrame([])
11  for file_name in files_normal:
12      csv = pd.read_csv(filepath_or_buffer=file_name)
13      x_train = pd.concat([x_train, csv])
14
15  # 用 StandardScaler 进行 z 标准化
16  sc = StandardScaler()
17  sc.fit(x_train)
18  x_train_std = sc.transform(x_train)
19
20  # 确认数据点数和特征数
21  print("training data size: (#data points, #features)
        = (%d, %d)"% x_train.shape)
```

源代码 3.2 异常检测的代码 2

```
1   # 准备测试数据和验证数据（用于调整超参数的数据）
2   files_normal = glob.glob('../data/test/Seg_D0*')
3   files_anomaly1 = glob.glob('../data/test/Seg_D2*_01_*A*')
4   files_anomaly2 = glob.glob('../data/test/Seg_D2*_01_*B*')
5
6   # 正常数据的标签为 1、异常数据的标签为 -1，将测试数据保存到 y_test_true，
    验证数据保存到 y_valid_true
7   x_test_normal, x_test_anomaly1, x_test_anomaly2,
        x_test, x_valid = pd.DataFrame([]), pd.DataFrame([]),
```

```
        pd.DataFrame([]), pd.DataFrame([]), pd.DataFrame([])
8    y_test_true, y_valid_true = [], []
9    for file_name in files_normal:
10       csv = pd.read_csv(filepath_or_buffer=file_name)
11       x_test_normal = pd.concat([x_test_normal, csv])
12       for i in range(0,len(csv)):
13           y_test_true.append(1)
14           y_valid_true.append(1)
15   for file_name in files_anomaly1:
16       csv = pd.read_csv(filepath_or_buffer=file_name)
17       x_test_anomaly1 = pd.concat([x_test_anomaly1, csv])
18       for i in range(0,len(csv)):
19           y_test_true.append(-1)
20   for file_name in files_anomaly2:
21       csv = pd.read_csv(filepath_or_buffer=file_name)
22       x_test_anomaly2 = pd.concat([x_test_anomaly2, csv])
23       for i in  range(0,len(csv)):
24       y_valid_true.append(-1)
25
26   # 把正常数据和异常数据组合起来准备测试数据 x_test 和验证数据 x_valid,
     进行 z 标准化
27   x_test = pd.concat([x_test_normal, x_test_anomaly1])
28   x_valid = pd.concat([x_test_normal, x_test_anomaly2])
29   x_test_std = sc.transform(x_test)
30   x_valid_std = sc.transform(x_valid)
31
32   # 查看正常数据数、异常数据数(测试数据)、测试数据总数、验证数据总数
33   print("data size: (#normal data, #anomaly data, #test total,
         # valid total) = (%d, %d, %d, %d)"% (x_test_normal.shape[0],
         x_test_anomaly1.shape[0], x_test.shape[0],
         x_valid.shape[0]))
```

源代码 3.3　异常检测的代码 3

```
1    # Local Outlier Factor
2    from sklearn.neighbors import LocalOutlierFactor
3
4    #改变 LOF 的近邻域数 k,获取验证数据对应的 F 值
5    idx, f_score = [], []
6    for k in range(1,11):
7        lof = LocalOutlierFactor(n_neighbors=k)
8        lof.fit(x_train_std)
9        f_score.append(validation(y_valid_true,
```

```
            lof._predict(x_valid_std)))
10       idx.append(k)
11
12  # 获取 F 值最大的近邻域数 k，重新拟合 LOF
13  plot_fscore_graph('n_neighbors', idx, f_score)
14  best_k = np.argmax(f_score)+1
15  lof = LocalOutlierFactor(n_neighbors=best_k)
16  lof.fit(x_train_std)
17
18  # 使用最优的近邻域数，显示测试数据的结果
19  print("----------------")
20  print("Local Outlier Factor result (n_neighbors=%d)" % best_k)
21  print("----------------")
22  print_precision_recall_fscore(y_test_true,
        lof._predict(x_test_std))
23  print("----------------")
24  print_roc_curve(y_test_true, lof._decision_function(x_test_std))
```

源代码 3.4　异常检测的代码 4

```
1   # One-Class SVM
2   from sklearn.svm import OneClassSVM
3   import itertools
4
5   # 要搜索的超参数列表
6   gamma = [0.001, 0.005, 0.01]
7   coef0 = [0.1, 1.0, 5.0]
8   degree = [1, 2, 3]
9
10  # 改变 RBF 核的参数 γ，获取验证数据的 F 值
11  idx, f_score = [], []
12  for r in gamma:
13      ocsvm_rbf = OneClassSVM(kernel='rbf', gamma=r)
14      ocsvm_rbf.fit(x_train_std)
15      f_score.append(validation(y_valid_true,
        ocsvm_rbf.predict(x_valid_std)))
16
17  # 获取 F 值最大的带宽 γ ，重新拟合 One-Class SVM（RBF 核）
18  plot_fscore_graph('gamma', gamma, f_score)
19  best_rbf_gamma = gamma[np.argmax(f_score)]
20  print("RBF kernel(best); gamma:%2.4f, f-score:%.4f"%
        (best_rbf_gamma, np.max(f_score)))
21  ocsvm_rbf = OneClassSVM(kernel='rbf', gamma=best_rbf_gamma)
```

```
22  ocsvm_rbf.fit(x_train_std)
23
24  # 改变多项式核的参数（次数 d、系数 γ、常数项 c），获取验证数据的 F 值
25  idx, f_score = [],[]
26  for d, r, c in itertools.product(degree, gamma, coef0):
27      ocsvm_poly = OneClassSVM(kernel='poly', degree=d,
        gamma=r, coef0=c)
28      ocsvm_poly.fit(x_train_std)
29      f_score.append(validation(y_valid_true,
        ocsvm_poly.predict(x_valid_std)))
30      idx.append([d,r,c])
31
32  # 获取 F 值最大的参数的组合，重新拟合 One-Class SVM（多项式核）
33  best_idx = idx[np.argmax(f_score)]
34  print("Polynomial_kernel(best); degree:%1d, gamma:%.4f,
        coef0:%3.2f, f-score:%.4f" % (best_idx[0], best_idx[1],
        best_idx[2], np.max(f_score)))
35  ocsvm_poly = OneClassSVM(kernel='poly', degree=best_idx[0],
        gamma=best_idx[1], coef0=best_idx[2])
36  ocsvm_poly.fit(x_train_std)
37
38  # 改变 Sigmoid 核的系数 γ，获取验证数据的 F 值
39  idx, f_score = [],[]
40  for r, c in itertools.product(gamma, coef0):
41      ocsvm_smd = OneClassSVM(kernel='sigmoid', gamma=r, coef0=c)
42      ocsvm_smd.fit(x_train_std)
43      f_score.append(validation(y_valid_true,
        ocsvm_smd.predict(x_valid_std)))
44      idx.append([r,c])
45
46  # 获取 F 值最大的系数 γ，重新拟合 One-Class SVM（Sigmoid 核）
47  best_idx = idx[np.argmax(f_score)]
48  print("Sigmoid kernel(best); gamma:%.4f, coef0:%2.2f,
        f-score:%.4f" % (best_idx[0], best_idx[1],
        np.max(f_score)))
49  ocsvm_smd = OneClassSVM(kernel='sigmoid', gamma=best_idx[0],
        coef0=best_idx[1])
50  ocsvm_smd.fit(x_train_std)
51
52  # 显示使用了最优参数的 RBF 核、多项式核、Sigmoid 核的测试数据的结果
53  print("------------")
54  print("One-Class SVM result")
55
```

价值 688元

免费领

能就业和副业的

零基础Python技能课程

"视频课程+资料包" 免费送

Python直播训练营

Python安装教程

Python游戏源码

项目实战视频

学习规划

面试题库

二维码有效期：15天
请速领取

微信扫码免费领

```
55  print("------------")
56  print("rbf kernel")
57  print_precision_recall_fscore(y_test_true,
        ocsvm_rbf.predict(x_test_std))
58  print("------------")
59  print("polynomial_kernel")
60  print_precision_recall_fscore(y_test_true,
        ocsvm_poly.predict(x_test_std))
61  print("------------")
62  print("sigmoid kernel")
63  print_precision_recall_fscore(y_test_true,
        ocsvm_smd.predict(x_test_std))
64  print("------------")
65  print_roc_curve_svm(y_test_true,
        ocsvm_rbf.decision_function(x_test_std),
        ocsvm_poly.decision_function(x_test_std),
        ocsvm_smd.decision_function(x_test_std))
```

源代码 3.5 异常检测的代码 5

```
1   # IsolationForest (iForest)
2   from sklearn.ensemble import IsolationForest
3
4   # 要搜索的超参数的列表
5   estimators_params = [50, 100, 150, 200]
6
7   # 改变要集成的分类器的数量 n_estimators，获取验证数据的 F 值
8   idx, f_score = [], []
9   for k in estimators_params:
10      IF = IsolationForest(n_estimators=k, random_state=2)
11      IF.fit(x_train_std)
12      f_score.append(validation(y_valid_true,
            IF.predict(x_valid_std)))
13      idx.append(k)
14
15  # 获取 F 值最大的集成数，重新拟合 iForest
16  plot_fscore_graph('n_estimators', idx, f_score)
17  best_k = idx[np.argmax(f_score)]
18  IF = IsolationForest(n_estimators=best_k, random_state=2)
19  IF.fit(x_train_std)
20
21  # 使用最优集成数，显示测试数据的结果
22  print("------------")
```

```
23  print("IsolationForest result (n_estimators=%d)" % best_k)
24  print("------------")
25  print_precision_recall_fscore(y_test_true,
        IF.predict(x_test_std))
26  print("------------")
27  print_roc_curve(y_test_true, IF.decision_function(x_test_std))
```

源代码 3.6 异常检测的代码 6

```
1  # 显示 LOF、SVM、iForest 的所有 ROC 曲线
2  print_roc_curve_all(y_test_true,
        lof._decision_function(x_test_std),
        ocsvm_rbf.decision_function(x_test_std),
        IF.decision_function(x_test_std))
```

源代码 3.7 显示平均精度、平均重现率、平均 F 值及混淆矩阵的函数

```
1  from sklearn.metrics import precision_recall_fscore_support,
        confusion_matrix
2
3  # 显示平均精度、平均重现率、平均 F 值及混淆矩阵的函数
4  def print_precision_recall_fscore(y_true, y_pred):
5  prec_rec_f = precision_recall_fscore_support(y_true, y_pred)
6  print("Ave. Precision %.4f, Ave. Recall %.4f,
        Ave. F-score %.4f"% (np.average(prec_rec_f[0]),
        np.average(prec_rec_f[1]), np.average(prec_rec_f[2])))
7  print("Confusion Matrix")
8  df = pd.DataFrame(confusion_matrix(y_true, y_pred))
9  df.columns = [u'anomaly', u'normal']
10  print(df)
```

源代码 3.8 绘制 ROC 曲线的函数

```
1  from sklearn. metrics import roc_curve, roc_auc_score
2  import matplotlib.pyplot as plt
3
4  def plot(plt):
5      plt.xlim([-0.05, 1.05])
6      plt.ylim([-0.05, 1.05])
7      plt.xlabel('False Positive Rate')
8      plt.ylabel('True Positive Rate')
9      plt.title('ROC curve')
```

```
10      plt.legend(loc="lower right")
11
12      plt.show()
13
14  # 该函数接收正确答案标签（y_true）和识别函数的输出值（decision_
    function），绘制 ROC 曲线
15  def print_roc_curve(y_true, decision_function):
16      fpr, tpr, thresholds = roc_curve(y_true, decision_function,
            pos_label=1)
17      roc_auc = roc_auc_score(y_true, decision_function)
18      plt.plot(fpr, tpr, 'k--',label='ROC for test data
        (AUC = %0.2f)' % roc_auc, lw=2, linestyle="-")
19
20      plot(plt)
21
22  # 同样是绘制 ROC 曲线的函数（用于 SVM 的核比较）
23  def print_roc_curve_svm(y_true, decision_function_rbf,
        decision_function_poly, decision_function_smd):
24      fpr, tpr, thresholds
            = roc_curve(y_true, decision_function_rbf, pos_label=1)
25      roc_auc = roc_auc_score(y_true, decision_function_rbf)
26      plt.plot(fpr, tpr, 'k--',label='rbf kernel (AUC = %0.2f)'
            % roc_auc, lw=2, linestyle="-", color="r")
27
28      fpr, tpr, thresholds = roc_curve(y_true,
            decision_function_poly, pos_label=1)
29      roc_auc = roc_auc_score(y_true, decision_function_poly)
30      plt.plot(fpr, tpr, 'k--',label='poly kernel (AUC = %0.2f)'
            % roc_auc, lw=2, linestyle="-", color="g")
31
32      fpr, tpr, thresholds
            = roc_curve(y_true, decision_function_smd, pos_label=1)
33      roc_auc = roc_auc_score(y_true, decision_function_smd)
34      plt.plot(fpr, tpr, 'k--',
            label='sigmoid kernel (AUC = %0.2f)'
            % roc_auc, lw=2, linestyle="-", color="b")
35
36      plot(plt)
37
38  # 同样是绘制 ROC 曲线的函数（用于分类器比较）
39  def print_roc_curve_all(y_true, decision_function_lof,
            decision_function_ocsvm, decision_function_iForest):
40      fpr, tpr, thresholds = roc_curve(y_true,
```

```
          decision_function_lof, pos_label=1)
41   roc_auc = roc_auc_score(y_true, decision_function_lof)
42   plt.plot(fpr, tpr, 'k--',label='LOF (AUC = %0.2f)'
          % roc_auc, lw=2, linestyle="-", color="r")

43
44   fpr, tpr, thresholds = roc_curve(y_true,
          decision_function_ocsvm, pos_label=1)
45   roc_auc = roc_auc_score(y_true, decision_function_ocsvm)
46   plt.plot(fpr, tpr, 'k--',label='OCSVM (AUC = %0.2f)'
          % roc_auc, lw=2, linestyle="-", color="g")

47
48   fpr, tpr, thresholds = roc_curve(y_true,
          decision_function_iForest, pos_label=1)
49   roc_auc = roc_auc_score(y_true, decision_function_iForest)
50   plt.plot(fpr, tpr, 'k--',label='iForest (AUC = %0.2f)'
          % roc_auc, lw=2, linestyle="-", color="b")

51
52 plot(plt)
```

源代码 3.9 返回平均 F 值的函数

```
1  from sklearn.metrics import precision_recall_fscore_support

2
3  # 返回正常类别和异常类别的平均 F 值的函数
4  def validation(y_valid_true, y_valid_pred):
5      prec_rec_f = precision_recall_fscore support(y_valid_true,
          y_valid_pred)
6      return np.average(prec_rec_f[2])
```

源代码 3.10 绘制 F 值图表的函数

```
1  import matplotlib.pyplot as plt

2
3  # 用于绘制改变超参数（idx_name)时的 F 值图表的函数
4  def plot_fscore_graph(idx_name, idx, f_score):
5      plt.plot(idx, f_score)
6      plt.xlabel(idx_name)
7      plt.ylabel('F-score')
8      plt.show()
```

第 **4** 章

序列数据分析

本章通过分析睡眠数据学习如何对序列数据进行机器学习的实践。在这里，单一的机器学习算法并不能解决问题，因此需要把几种方法组合在一起。首先从睡眠中的声音中提取打鼾、磨牙、身体运动等声音事件，并通过无监督学习的聚类得到声音事件的分类。然后，通过隐马尔可夫模型（Hidden Markov Model，HMM）从声音事件的序列中把睡眠模式作为状态的转移概率进行建模。最后，根据得到的良好睡眠模式和不良睡眠模式两者间的差异，用有监督学习来判断睡眠的好坏。①

这一系列的过程中包含了各种各样的机器学习方法。通过各种传感器识别行为模式，只要是事件的序列数据，就可以进行各种应用。

---

① 由于知识产权文献[12]、[13]的限制，很遗憾无法刊登源代码。

4.1 睡眠数据

首先介绍关于睡眠的基础知识。睡眠是一种生物现象，它会影响人们清醒时的身体、精神、社会和情感机能。根据日本厚生劳动省 2015 年进行的国民健康和营养调查报告（文献[1]），30%~50%的成年人回答"白天感到困倦"。即使没有失眠症和呼吸暂停综合征等睡眠障碍，睡眠也会对白天的活动产生很大影响，因此评价睡眠状态来作为日常健康管理的指标是很重要的。

脑电波、体温、呼吸、心跳等生物活动会根据睡眠状态发生变化。并且与睡眠状态的变化和稳定性有关，身体运动、打鼾、呼吸暂停、磨牙等各种事件也会在睡眠中发生。过去，评价睡眠的重点放在睡眠障碍的诊断和机制的阐明上，睡眠的测量主要是通过多导睡眠描记术（Polysomnography，PSG）检查进行的。典型的检查包括在检查室内测量脑电波、胸部/腹部呼吸运动、鼻腔内压、腿和下巴的肌电图、眼球运动、心电图、氧饱和度等。因此，PSG 对检查者的负担很大，而且如果没有专业设施或没有专家的医院，会很难测量。关于睡眠科学的基础知识，在文献[32]等中有详细记载。

另外，近年来也出现了一些基于健身用腕带型设备的简易睡眠测量仪（测量脉搏和活动量），以及利用加速度传感器自动设置警报等的智能手机应用软件。然而，有报告（文献[3]）指出，现在市面上的很多睡眠产品和应用软件缺乏科学依据，不能应对个体差异问题。另外，虽然也有使用压力传感器和简易脑波计等方法，但由于使用的是接触型专用设备，很大可能会对使用者造成使用不便。

鉴于上述情况，本章介绍的方法着眼于非接触的、方便收集的睡眠环境音。睡眠环境音除了包含磨牙、打鼾、身体运动等与生物活动有关的事件以外，还包括空调工作的声音、屋外车辆行驶的声音等周围环境的声音。

本章将介绍利用机器学习技术，从复杂的睡眠环境声音数据中准确地检测出睡眠相关声音事件并自动分类，并基于睡眠模式的时间序列建模来判别睡眠的好坏。具体的公式和实验结果请参见文献 [7]、[8]。

4.2.1 判断睡眠好坏的流程

判断睡眠好坏的流程如图 4.1 所示。

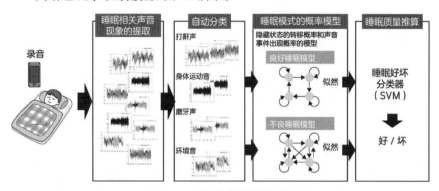

图 4.1 判断睡眠好坏的流程

按照以下流程来进行判断睡眠好坏的学习。

（1）从一晚连续记录的声音中检测出与睡眠有关的事件。

（2）将各声音事件转换为频域，将其作为输入向量。

（3）通过核 SOM（Self-Organizing Map）和层次聚类，分类为声音事件的主要类簇。

（4）通过隐马尔可夫模型（HMM）分别得到好睡眠/坏睡眠的概率模型。

（5）学习分类好睡眠/坏睡眠的分类器。

在判断新数据时，到（2）为止都是一样的流程，然后流程（3）是将各声音事件分配给学习时得到的类簇，流程（4）计算出学习时得到的 HMM 的模型似然度（适合程度），流程（5）用学习后的分类器进行判断。

4.2.2 Burst 提取法检测睡眠相关的声音事件

首先，需要根据平时录音的声音的时间序列，适当地检测出与睡眠相关的声音事件（生物活动发出的声音及周围的环境音）。最简单的方法是，在麦克风的声压（电压）值上设置阈值，剪切出超过该阈值时的点的前后几秒（固定值）。但是，这种通过阈值进行检测的方法，如果阈值出现一点细微差异就会导致误检测和漏检测的情况发生很大变化，因此很难控制，而且只能剪切固定长度的声音事件。

为此，这里应用了 J. 克林伯格（J. Kleinberg）提出的 Burst 提取法（文献[5]）进行声音事件的检测。通过使用 Burst 提取法，用统计量找出电压值发生很大变化的部分。假设电压值的振幅遵循高斯分布，将色散不同的高斯分布分别对应于不同的突发电平。也就是说，在没有发生声音事件的稳定状态时，遵循色散小的高斯分布（突发电平为 0），而发生声音事件时的电压值则应该是由色散大的高斯分布（突发电平为 1 以上）生成的。并且，对于观测到的声音数据，通过使用作为动态规划法之一的维特比算法，求出各时刻的突发电平的最似然序列，以使得高斯分布的似然度与突发电平之间的状态转移相对应的总成本最小。

此时，通过设置一个状态转移成本，避免从上一个突发电平突然发生很大变化的转移。然后，从得到的最似然序列中剪切出突发电平为 1 以上的部分，以此来进行声音事件的检测。详细的算法在文献[4]中有记载。检测到的声音事件的示例如图 4.2（a）所示。这样的声音事件每晚会被提取 1000~2000 个。

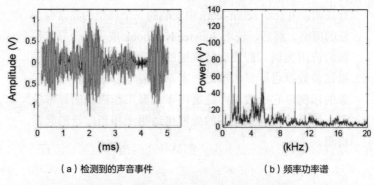

（a）检测到的声音事件　　　　　（b）频率功率谱

图 4.2　检测到的声音事件及其频率功率谱

Kleinberg 的 Burst 提取法的 Python 实现在 PyPI 官网中可以找到。PyPI（Python Package Index）是一个管理第三方 Python 包的网站，它公开了非常多的包，用户可以手动下载并安装，如果是联网状态，则通过命令行输入如下命令进行安装。

```
$ pip install burst detection
```

不过，原始的 Burst 提取法是以时间间隔按照指数分布的事件数据为对象的，所以不能直接适用于声波数据。

4.2.3　输入向量的准备

由检测到的各个声音事件分别创建输入向量。声音的不同经常表现在频率空间上，所以把如图 4.2（b）所示的频率功率谱的离散点作为向量来输入。在这里，通过快速傅里叶变换算法将其转换成频域，离散点数需要 2^N 个。因此，首先在时域上对 2^N 个点进行线性插值，通过快速傅里叶变换得到频率功率谱。时域中长度不同的声音事件由于插值改变了分辨率，频域的离散点数也随着声音事件而发生改变。因此，在频域中也实施线性插值，所有的声音事件会得到相同离散点数的输入向量。

4.2.4　声音事件的自动分类

1. 概略

对新数据进行声音事件分类的分类器是必要的，但是收集磨牙声或打鼾声的监督训练数据是比较困难的。因此，可以先通过无监督学习的聚类法，将声音事件大致分类，再把新的声音事件分配给某一个类簇，以此来进行分类。

在处理睡眠音时，需要考虑以下问题。

（1）准确地捕捉频谱的形状。

（2）能够处理个体差异或同时发出的声音等。

关于第 1 点，一般采取提取某些特征的方法，但是对于睡眠音，确切的特征是不明确的。例如，声音识别中经常使用梅尔频率倒谱系数（Mel-Frequency Cepstrum Coefficients，MFCC），但是实验证明，其对睡眠音的识别精度不高（文献[8]）。因此，为了捕捉频谱的"形状"，考虑从距离计量方面着手。把频谱的分布看作概率分布（类似于看哪个频带容易发生），把经常用于概率分布之间的度量的 Kullback-Leibler（KL）信息量用作核函数进行聚类。

关于第 2 点，个体差异或同时发出的声音在频谱的空间上表现为连续扩展的数据分布。要捕捉这样的数据分布的连续性，考虑使用位相（拓扑）。这次在拓扑的学习中用到了自组织映射（Self-Organizing Map，SOM）（文献[10]）。并通过在 SOM 学习的拓扑空间上进行层次聚类，从而得到更少量的主要类簇。

2. 自组织映射

自组织映射是竞争型神经网络的一种，最初是被作为视觉皮层相关神经元的数理模型提出来的。SOM 是通过无监督学习，同时进行相似数据的聚类和数据分布连接的低维空间可视化的一种独特的学习方法。

SOM 在神经元之间具有预先定义好的拓扑结构（多数是二维四方晶格或六角晶格），最类似输入特征向量的神经元（被称为胜者神经元）会激活，神经元的拓扑空间上相近的神经元之间会更新每个神经元的参考向量，使其具有类似特征（被称为参考向量）。通过重复法反复更新参考向量，最终使类似的输入数据彼此相同，或者在神经元的拓扑结构上属于相邻的神经元。最终，数据之间的相似性被保存在低维的拓扑空间上，其数据分布被可视化。如图 4.3（a）所示，在特征空间中用神经元的连接捕捉数据的连接；如图 4.3（b）所示，将其展开在低维的二维平面上。

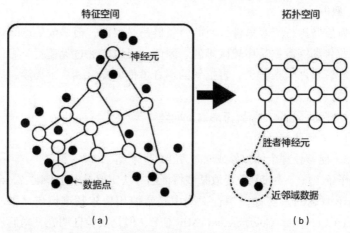

图 4.3　SOM 概念图

标准的 SOM 的 Python 实现在 PyPI 官网中可以找到。另外，Python 程序包 somoclu 拥有可视化功能。

3. 核自组织映射

普通 SOM 在输入数据与神经元的代表向量的距离标准上使用了平方误差，但是对于输入数据呈频率功率谱这种分布结构的数据来说并不是适合的标准。

因此，这次在 SOM 中导入了一个 KL 信息量的概率分布间的标准。在将 KL 信息量导入 SOM 时，使用了核 SOM，这个核 SOM 用到了 2.5 节介绍的核方法。

图 4.4（a）是由普通 SOM 进行的睡眠音的聚类和可视化结果；图 4.4（b）是由核 SOM 进行的睡眠音的聚类和可视化结果，这个核 SOM 使用了基于 KL 信息量的 KL 核。方格对应神经元节点，多个类似的声音时间被聚类在一起。针对普通 SOM/核 SOM 得到的结果，实际用人工对声音进行确认，分成四种具有代表性的声音（打鼾声、磨牙声、身体运动音、环境音）并用颜色区分。从图中看到，图 4.4（a）是普通 SOM 的情况，相同颜色的类簇分散在多处，而图 4.4（b）是核 SOM 的结果，相同颜色的类簇被正确地聚在一起。

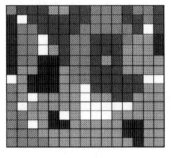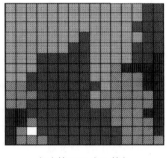

鼾声
磨牙声
身体运动音
环境音

（a）SOM　　　　　　　　（b）核 SOM（KL 核）

图 4.4　睡眠音的聚类和可视化结果

4. 用层次聚类提取主要类簇

在通过核 SOM 得到的拓扑空间上，通过以各参考向量作为输入的层次聚类[①]，获得主要的类簇。在层次聚类中，从把一个数据点分别看作类簇开始，再逐步合并相似的类簇，得到类簇的合并过程。

图 4.5 用树状图（亲缘关系树状图）表示睡眠声音事件的类簇合并过程。树末端的叶节点表示个别的数据点，纵轴表示类簇合并的距离。不过，这里视作个别数据点的不是声音事件本身，而是经过核 SOM 学习的神经元节点，因此叶节点的数量就是神经元节点的数量。

---

① 层次聚类在编写时 scikit-learn 中还没有实现，但是在 scipy.cluster. hierarchy 中实现了。

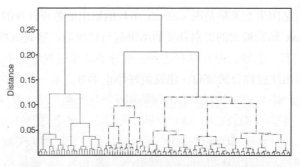

图 4.5　层次聚类的类簇合并过程（亲缘关系树状图）

　　像这样分两个阶段进行聚类，希望能捕捉到特征空间上的数据序列。其中，在聚类里如何决定类簇数是很多实际应用场合中面临的一个问题。对于聚类的有效性指标，有各种提案，这里采用的是简单的轮廓系数①。轮廓系数用

$$s = \frac{b - a}{\max\{b, a\}}$$

计算。这里的 a 是平均类簇内的距离，b 是最小类簇间的距离。与类簇中的数据之间的平均距离相比，把类簇间的距离作为指标。一般认为，类簇之间尽量分开、类簇内越密集的越好，所以轮廓系数越大越好。在层次聚类的合并过程中，确定用这个轮廓系数最大的簇数。图 4.6 将合并簇的距离阈值取为横轴，纵轴表示当时的轮廓系数。也就是说，图表的左侧是个别数据为类簇的状态，右侧是所有数据成为一簇的状态。如果以轮廓系数最大的阈值 0.15 来划分，簇数就是 3，见图 4.5 中划分的 3 种线。

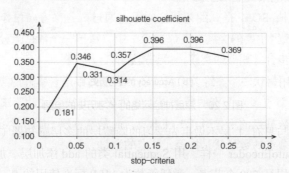

图 4.6　轮廓系数决定簇数

---

① 在scikit-learn中，是安装在sklearn.metrics.silhouette_score 中的。

核 SOM 的学习结果上的主要类簇的分布如图 4.7 所示。大致可以区分身体运动音、磨牙声、打鼾声，而环境音主要和身体运动音混在一起形成类簇。

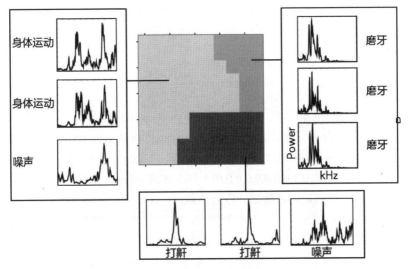

图 4.7　核 SOM 上的主要类簇

对于睡眠好坏的判断，各类簇的意义并不重要，因此即使得到一些混杂的簇也不是大问题。不过，在分析学习结果时需要注意。

4.2.5　通过隐马尔可夫模型进行睡眠模式时间序列的建模

隐马尔可夫模型是一种生成模型，由各符号在符号列的出现概率和隐藏状态的转移概率组成。通过假设一种不被直接观测的隐藏状态，允许各符号出现概率发生变化，能够进行复杂时间序列的建模。对于睡眠来讲，各声音事件的出现概率会随着快速眼动睡眠和非快速眼动睡眠这两个阶段发生变化。具体来说，就是对诸如翻身多的时间段、打鼾多的时间段等状态发生变化的情况，进行建模。不过，以声音作为输入的 HMM 的隐藏状态与睡眠阶段并不一定是一对一的对应关系。

本书所示的主题实验是在大阪大学研究生院牙医学研究科的协助下进行的[1]。图 4.8 是睡眠实验室的照片。让实验对象在这个房间睡一个晚上，

---

① 本实验是得到大阪大学研究生院牙医学研究科伦理委员会的批准进行的。

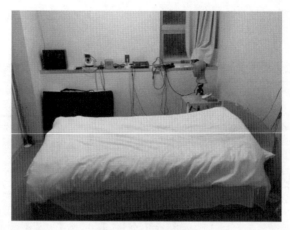

在距离枕边 50cm 左右的地方放置麦克风进行录音，同时还测量了脑电波等多导睡眠图（PSG）。另外，在起床时做了问卷调查用于判断睡眠好坏的监督信息。

图 4.8　睡眠实验室

　　然后，在模型学习时，根据问卷调查的"良好睡眠时"的声音数据和"不良睡眠时"的声音数据，分别通过 HMM 构建睡眠模式的概率模型。

　　图 4.9 是由 36 名（20 多岁的研究生）实验对象构建的良好睡眠的模型和不良睡眠的模型的状态转换概率（各 18 名）。行和列对应隐藏状态，表示从行到列方向的状态转移概率。上半部分表示良好睡眠的模型，下半部分表示不良睡眠的模型。

隐藏状态数 5

良好睡眠

From\To	1	2	3	4	5
1	0.9496	0	0.0432	0.0071	0
2	0	0.7241	0.2394	0.0365	0
3	0.0211	0.131	0.8414	0	0.0065
4	0	0	0.0036	0.9941	0.0023
5	0	0	0.0336	0	0.9664

不良睡眠

From\To	1	2	3	4	5
1	0.3924	0	0.363	0	0.2439
2	0.018	0.5408	0.0024	0.4382	0
3	0.1403	0.0127	0.8113	0	0.0357
4	0.0062	0.4514	0.011	0.5312	0
5	0.1646	0	0.1305	0.0024	0.7025

隐藏状态数 3

良好

From\To	1	2	3
1	0.6228	0.0083	0.3689
2	0.0108	0.9819	0.0073
3	0.5915	0.0092	0.3993

不良

From\To	1	2	3
1	0.8731	0.0193	0.1076
2	0.024	0.9757	0
3	0.1511	0.0019	0.847

隐藏状态数 5

良好

From\To	1	2	3	4	5
1	0.7915	0.2085	0	0	0
2	0	0.7432	0.2483	0.0085	0
3	0.0216	0.0423	0.905	0.0031	0.028
4	0.0208	0	0	0.9792	0
5	0.0059	0.016	0.0166	0.0176	0.9439

不良

From\To	1	2	3	4	5
1	0.7728	0.1742	0.053	0	0
2	0	0.8915	0.0669	0.0405	0.0011
3	0	0.0359	0.9641	0	0
4	0.0602	0	0	0.9398	0
5	0	0.0165	0.0086	0.0259	0.949

（a）对声音事件序列的 HMM　　　　　（b）对睡眠阶段序列的 HMM

图 4.9　HMM 学习的隐藏状态的状态转移概率

隐藏状态数设置为5时，良好睡眠模型矩阵的对角线上的值较大，也就是说，有保持在相同隐藏状态的倾向，可以说睡眠的状态是稳定的。而不良睡眠的状态转移概率结构复杂，可以说是缺少稳定性的。当隐藏状态数为3时，状态数不足，不能捕捉到它们的倾向。

再来看最右边的表，作为比较，以 PSG 获得的睡眠阶段来代替声音事件作为输入序列，同样是HMM学习后的结果。由于良好睡眠与不良睡眠的状态转移概率没有很大差别，所以睡眠阶段不适合（主观的）判断睡眠的好坏。

4.2.6　睡眠好坏的判断

利用刚才展示的睡眠模式的HMM建模结果判断睡眠的好坏。简单的判断方法是将新数据输入到好/坏睡眠的 HMM 中获得似然度（对模型的适用程度），对得到的似然度进行比较，对模型的好坏进行分类。但是，HMM 的隐藏状态数是用户设置的超参数，隐藏状态数不同则似然度不同。

考虑到良好睡眠和不良睡眠及实验对象的不同，合适的隐藏状态数也会不同，所以要确定一个适当的隐藏状态数并不容易。因此，多构建几个由不同隐藏状态数组成的 HMM，把每个 HMM 的似然度作为特征向量单独进行分类器的学习。也就是说，隐藏状态数为3、4、5这三种时，每种都有好坏两种情况，也就是要构建3×2=6 个 HMM，它们的似然度成为一个晚上的声音数据对应的特征向量。这些都是通过 HMM 对良好睡眠和不良睡眠进行时间序列模拟的结果，与单纯声音事件频率的直方图完全不同。

以似然度向量作为输入来识别睡眠好坏的分类器中用到了 SVM。如何选择合适的核函数和超参数是根据 2.5 节中介绍的嵌套式交叉验证来确定的。结果是对 36 名实验对象的数据进行 leave-one-out cross-validation 后，对测试数据得到了平均 77.5% 的好坏判断正确率。

4.2.7　总结

本章以根据睡眠音判断睡眠好坏的机器学习为例，介绍了序列数据的分析方法。本章虽然讲述的是睡眠事件，但如果某些事件可以作为特征向量提取出来，并且它们是随时间顺序观测的对象的话，那么就都可以适用。

首先进行事件的剪切，将特征向量化，在此基础上通过聚类将事件符号化。然后，根据聚类得到符号的序列，对每个想要判断的类别都用隐马尔可夫模型对序列模式进行建模。最后，以隐马尔可夫模型的学习结果对应的似然度作为输入，通过有监督学习构建分类器，就能够根据序列模式的差异进行类别的识别了。

结束语

本书是在很多人及其项目的支持下完成的，在此表示感谢，同时将他们介绍给大家。

第1章、第2章的示例程序是由当时大阪大学研究生院信息科学研究科博士后期课程在读的 Nattapong Thammasan 及 Hongle Wu 制作的。

第1章、第2章的内容是经过整理后的大阪大学-松下 AI 共同讲座"机器学习基础讲座"、大阪大学-大金工业 AI 人才培养计划、NEDO 特别讲座（用实际数据学习的人工智能讲座）兼大阪大学研究生院信息科学研究科博士前期课程的授课内容的一部分。

关于第3章的振动数据的异常检测，是以在大阪大学工学研究科 NTN 次世代合作研究所作为与 NTN（股份）共同研究的一环而收集的数据为基础，以北井正嗣研究员的研究为参考，编写了本书使用的程序。

关于第4章介绍的睡眠案例，是作为大阪大学 COI（创新中心）基地的项目研究中的一环进行的。并且，本研究是作为 Hongle Wu 的博士论文的研究而进行的。在完成本研究的过程中，大阪大学研究生院牙医学研究科的加藤隆史教授，以及同研究科的山田朋美助教给予了很大的协助和支持。

福井健一

参考文献

[1] 2015 年「国民健康・栄養調査」，厚生労働省.

[2] 第 5 回人工知能技術戦略会議 人材育成タスクフォース最終とりまとめ, 2017.

[3] J. Behar, A. Roebuck, J. S. Domingos, E. Gederi, and G. D. Clifford. A review of current sleep screening applications for smartphones. Physiological Measurement, Vol. 34, No. 7, pp. 29–46, 2013.

[4] K. Fukui, S. Akasaki, K. Sato, J. Mizusaki, K. Moriyama, S. Kurihara, and M. Numao. Visualization of damage progress in solid oxide fuel cells. Journal of Environment and Engineering, Vol. 6, No. 3, pp. 499-511, 2011.

[5] J. Kleinberg. Bursty and hierarchical structure in streams. Data Mining and Knowledge Discovery, Vol. 7, No. 4, pp. 373–397, 2003.

[6] T. M. Mitchell. Machine Learning. McGraw-Hill, 1997.

[7] H. Wu, T. Kato, M. Numao, and K. Fukui. Statistical sleep pattern modelling for sleep quality assessment based on sound events. Health Information Science and Systems, Vol. 5, No. 11, 2017.

[8] H.Wu, T. Kato, T. Yamada, M. Numao, and K. Fukui. Personal sleep pattern visualization using sequence-based kernel self-organizing map on sound data. Artificial Intelligence in Medicine, Vol. 80, pp. 1-10, 2017.

[9] 荒木雅弘. フリーソフトではじめる機械学習入門（第 2 版）Python/Weka で実践する理論とアルゴリズム. 森北出版, 2018.

[10] T. コホネン（著）, 徳高平蔵, 大藪又茂, 堀尾恵一, 藤村喜久郎, 大北正昭（監修）. 自己組織化マップ. 丸善出版, 2016.

[11] 金森敬文. R による機械学習入門. オーム社, 2017.

[12] 福井健一, Wu Hongle, 加藤隆史, 沼尾正行. 睡眠の質判定システム、睡眠の質モデル作成プログラム、および、睡眠の質判定プログラム. 特願 2017-158957.

[13] 福井健一, Wu Hongle, 加藤隆史, 山田朋美, 沼尾正行. 睡眠状態解析支援装置、および、睡眠状態解析支援プログラム. 特願 2016-089830.

[14] 石井健一郎, 前田英作, 上田修功, 村瀬洋. わかりやすいパターン認識. オーム社, 1998.

[15] 石井健一郎, 上田修功. 続・わかりやすいパターン認識—教師なし学習入門—. オーム社, 2014.

[16] 池内孝啓, 片柳薫子, 岩尾エマはるか, @driller. Python ユーザのための Jupyter ［実践］入門. 技術評論社, 2017.

[17] 井出剛, 杉山将. 異常検知と変化検知. 講談社, 2015.

[18] 緒方淳, 村川正宏, 飯田誠. 風力発電スマートメンテナンスのための振動データ解析に基づく状態監視システムの構築. 風力エネルギー利用シンポジウム, 第 37 巻, pp. 385–388, 2015.

[19] 五十嵐昭男, 浜田啓好. 欠陥をもつ転がり軸受の振動・音響に関する研究（第 1 報）. 日本機械学会論文集（C）, Vol. 47, No. 422, pp. 1327–1336, 1981.

[20] 五十嵐昭男, 野田万朶, 松島栄一. 転がり軸受の異常予知に関する研究（第 1 報）. 潤滑, Vol. 24, No. 2, pp. 122–129, 1979.

[21] 伊藤真. Python で動かして学ぶ！あたらしい機械学習の教科書. 翔泳社, 2018.

[22] 大関真之. 機械学習入門ボルツマン機械学習から深層学習まで. オーム社, 2017.

[23] 小野田崇, 伊藤憲彦, 是枝英明. 水力発電所における異常予兆発見支援ツールの開発. 電気学会論文誌 D, Vol. 131, No. 4, pp. 448–457, 2011.

[24] 北井正嗣, 赤松良信, 福井健一. 特徴選択と 2 段の外れ値検出手法による転がり軸受の欠陥検出精度向上方法の提案. 計測自動制御学会第 45 回知能システムシンポジウム講演論文集, 2018.

[25] Andreas C. Muller, Sarah Guido（著）, 中田秀基（翻訳）. Python ではじめる機械学習—scikit-learn で学ぶ特徴量エンジニアリングと機械学習の基礎. オライリー・ジャパン, 2017.

[26] C.M. ビショップ（著）, 元田浩, 栗田多喜夫, 樋口知之, 松本裕治, 村田昇（監訳）. パターン認識と機械学習上/下. シュプリンガー・ジャパン, 2007/2008. 丸善出版, 2012.

[27] Henrik Brink, Joseph W. Richards, Mark Fetherolf（著）, 株式会社クイープ（訳）. Machine Learning 実践の極意機械学習システム構築の勘所をつかむ!. インプレス, 2017.

[28] Sebastian Raschka（著）, 福島真太朗（監訳）, 株式会社クイープ（訳）. Python 機械学習プログラミング達人データサイエンティストによる理論と実践. インプレス, 2018.

[29] Trevor Hastie, Robert Tibshirani, Jerome Friedman（著）, 杉山将, 井手剛, 神

嶋敏弘, 栗田多喜夫, 前田英作（監訳）. 統計的学習の基礎—データマイニング・推論・予測. 共立出版, 2014.

[30] Willi Richert, Luis Pedro Coelho（著）, 斎藤康毅（翻訳）. 実践機械学習システム. オライリー・ジャパン, 2014.

[31] 堅田洋資, 菊田遥平, 谷田和章, 森本哲也. フリーライブラリで学ぶ機械学習入門. 秀和システム, 2017.

[32] 白川修一郎. 睡眠とメンタルヘルス—睡眠科学への理解を深める—. ゆまに書房, 2006.

[33] 株式会社システム計画研究所（編）. Python による機械学習入門. オーム社, 2016.

[34] 平井有三. はじめてのパターン認識. 森北出版, 2012.